Bau-Projektmanagement für Einsteiger

Sven Schirmer

Bau-Projektmanagement für Einsteiger

Aufgaben – Projektorganisation –
Projektablauf

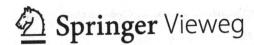 Springer Vieweg

Sven Schirmer
Architekt Schirmer
Aachen, Nordrhein-Westfalen, Deutschland

ISBN 978-3-658-30843-8   ISBN 978-3-658-30844-5   (eBook)
https://doi.org/10.1007/978-3-658-30844-5

Die Deutsche Nationalbibliothek verzeichnet diese Publikation in der Deutschen Nationalbibliografie;
detaillierte bibliografische Daten sind im Internet über http://dnb.d-nb.de abrufbar.

Fotos und Grafiken: Sven Schirmer

Planung/Lektorat: Karina Danulat
Springer Vieweg ist ein Imprint der eingetragenen Gesellschaft Springer Fachmedien Wiesbaden GmbH und ist
ein Teil von Springer Nature.
Die Anschrift der Gesellschaft ist: Abraham-Lincoln-Str. 46, 65189 Wiesbaden, Germany

Einführung

Heutige Bau-Projekte kommen ohne Bau- bzw. Projektleitung nicht mehr aus. Die Aufgabenstellungen bei Großbaustellen oder anspruchsvollen Bauaufgaben sind so umfangreich und komplex geworden, dass qualifiziertes Personal notwendig ist zur Realisierung. Ist der Bauleiter meist der Koordinator und Ansprechpartner für die Firmen vor Ort, ist die Aufgabe des Projektmanagers und -leiters vielschichtiger, da er nicht nur die Baustelle als aufgesattelte Oberaufsicht koordiniert, sondern sich auch um technische Fragen und Bauherrnaufgaben kümmert. Trotzdem muss man beide Aufgabenbereiche als gleitend betrachten und der Projektleiter muss sich in beiden Aufgabenbereichen gut auskennen, um komplexe Bauaufgaben zu bewältigen.

Oftmals scheitern Projekte daran, dass Aufgaben nicht genau definiert bzw. nicht einem Entscheider zugeordnet werden. Man sagt, dass „viele Köche den Brei verderben", im Bauwesen möchte man ergänzen, dass viele Akteure nicht immer ein Ganzes ergeben. Unter Projektleitung ist mehr als nur Steuerung, d. h. Projektmanagement, zu verstehen. Disziplin, Verständnis für die Gegenseite und klare Aufgabenklärung sind die Voraussetzung für ein gelungenes Bauprojekt.

Mit Darstellung der Grundlagen und Hinweisen möchte dieses Buch die Aufgaben, Tätigkeiten, Vorgehensweisen und Begrifflichkeiten in der Projektleitung aufzeigen. Nebenbei soll Wissen über Methoden, die Projekt-Organisation und Werkzeuge zum Projektmanagement vermittelt werden.

Oftmals werden Bauvorhaben durch menschliche Faktoren geleitet, anstatt sich auf das fachliche und die eigentliche Bau-Sache zu konzentrieren. Vieles könnte leichter und einfacher gestaltet werden, wenn man ein paar einfache Regeln beachtet.

Wenn Bauen als Aufgabe allen Akteuren Spaß macht, wenn man sich gegenseitig Respekt zollt für die einzelnen Fachbereiche heruntergebrochen bis zu den einzelnen Tätigkeiten des Bauarbeiters, dann kann durch die Projektgemeinschaft wahres Großes entstehen. Ich möchte hier Mut machen die Dinge auch einmal anderes anzugehen, querzudenken, um den eigenen Horizont zu vergrößern und mit anderen gemeinsam zu gestalten. Damit ist nicht gemeint, die Führungsaufgaben zu delegieren, sondern vielmehr auch die Meinung der anderen am Bau Beteiligten anzuhören und sie mit einzubeziehen, hierdurch kann Führung nur verbessert werden.

Inhaltsverzeichnis

Über den Autor

Sven Schirmer Autor der Publikation „Bau-Projektmanagement für Einsteiger" ist Herr Sven Schirmer, Dipl.-Ing. Architekt, geboren 1966 in Aachen. Studium in Architektur und Städtebau an der TU Wien.

Er hat über 20 Jahre Berufserfahrungen als Architekt, Bauleiter, Projektmanager, in der Kalkulation und Projektvorbereitung von Bauprojekten und hat in diesen Rollen sowohl auf der Auftraggeberseite als auch auf der Generalunternehmerseite gearbeitet.

Die Projektsteuerung

1

Um ein Bauvorhaben umzusetzen benötigt man eine Objektüberwachung. Den Stellenwert der Objektüberwachung als Architektenleistung kann man exemplarisch aus der Honorarordnung für Architekten und Bauingenieure (HOAI) am Honorar für *Gebäude und Innenräume* (HOAI 2013, Teil 3, Abschn. 1, § 35) in Höhe von 32 % ermessen. Hinzu kommen im Sinne der Projektleitung auch noch die Honoraransätze für die *Vorbereitung der Vergabe* und *die Mitwirkung bei der Vergabe* mit insgesamt 14 % der anrechenbaren Kosten (HOAI 2013, § 35).

Der bauleitende Architekt hat im Rahmen der Objektüberwachung eine Koordinationspflicht hinsichtlich sämtlicher am Bauvorhaben beteiligter Fachplaner und Bauunternehmer und an der Objektüberwachung beteiligter Sonderfachleute. Diese Koordinationspflicht gilt ebenso für die Planungs- wie auch für Bautätigkeiten. Die Objektüberwachung in Form der Steuerung und Bauleitung wird oft vom Architekten übernommen, während die eigentliche Bauleitung auf der Baustelle an einen Bauleiter im Auftrag des Bauherrn abgetreten wird. Doch muss dem Planer klar sein, dass die Arbeit des Architekten nicht nur aus der Planungsbrille zu sehen ist, sondern in Bauabläufen und Prozessen mit den hieraus sich ergebenden Aufgaben zum Kostencontrolling, Informations- und Vertragsmanagement etc. bestehen.

Bei größeren und komplexeren Bauvorhaben wird daher diese Leistung oftmals an Dritte weiter delegiert, dem sogenannten Projektsteuerer (für ein Einzelbauvorhaben Projektleiter genannt). Dieser koordiniert i. d. R. die gesamte Baumaßnahme, also nicht nur die reine Objektüberwachung während der Bauzeit, sondern auch den gesamten Planungsprozess. Der Projektsteuerer wird meist vom Bauherrn beauftragt, kann aber auch durch Architekturbüros oder Generalübernehmer gestellt werden.

© Der/die Herausgeber bzw. der/die Autor(en), exklusiv lizenziert durch Springer Fachmedien Wiesbaden GmbH, ein Teil von Springer Nature 2020
S. Schirmer, *Bau-Projektmanagement für Einsteiger,*
https://doi.org/10.1007/978-3-658-30844-5_1

In der alten HOAI § 31 (Seit 2009 in der HOAI 2013 nicht mehr enthalten) und der AHO Schrift Nr. 9 (AHO 2014, Bundesanzeiger Verlag) sind die Leistungen der Projektsteuerung wie folgt beschrieben:

- Klärung der Aufgabenstellung, Erstellung und Koordinierung des Programms für das Gesamtprojekt.
- Klärung der Voraussetzungen für den Einsatz von Planern und anderen an der Planung fachlich Beteiligten.
- Aufstellung und Überwachung von Organisations-, Termin- und Zahlungsplänen, bezogen auf das Projekt und Projektbeteiligte.
- Koordinierung und Kontrolle der Projektbeteiligten, mit Ausnahme der ausführenden Firmen.
- Vorbereitung (auch Vergabe) und Betreuung der Beteiligung von Planungsbetroffenen.
- Fortschreibung der Planungsziele und Klärung von Zielkonflikten.
- Laufende Information des Auftraggebers über die Projektabwicklung und rechtzeitiges Herbeiführen von Entscheidungen des Auftraggebers.
- Koordinierung und Kontrolle der Bearbeitung von Finanzierungs-, Förderungs- und Genehmigungsverfahren.

Im Gegensatz zur Objektüberwachung gemäß HOAI können die Honoraransätze der Projektsteuerung frei vereinbart werden. In der AHO wird eine Honorarordnung mit verschiedenen Differenzierungsmöglichkeiten dargestellt, diese ist aber nicht bindend.

Der Projektsteuerer wird auf der Baustelle wie bereits erwähnt durch einen Bauleiter ergänzt. Der Bauleiter kann durch das Architekturbüro oder einen Generalübernehmer gestellt werden. Bei einem Generalunternehmer (abgekürzt GU) wird dieser intern als Projektleiter geführt, der wiederum einen Bauleiter an seiner Seite hat. Dieser Bauleiter ist nicht mit den Fachbauleitern der einzelnen Nachunternehmer zu verwechseln.

Oftmals wird der Projektleiter auch als *Projektmanager* bezeichnet. Ursprünglich diente diese Unterscheidung zur Aufgabenabgrenzung, d. h. der Projektmanager führt im Unternehmen, der Projektleiter im Projekt. Die Übergänge in den einzelnen Tätigkeiten sind aber fließend. Beispiel: Auch ein Projektleiter betreut seinen Kunden und repräsentiert sein Unternehmen.

1.1   Die Aufgaben der Bau- und Projektleitung

Die Fachbauleitung vor Ort und die Projektleitung sind unabdingbar aufeinander angewiesen. Der eine kann ohne den anderen nicht seine Aufgaben bewältigen. Aber wo stecken die Unterschiede und was ist vergleichbar? In Anlehnung an die HOAI und AHO, siehe Abb. 1.1:

Aufgaben des Bauleiters	Aufgaben der Projektleitung
Koordination der Nachunternehmer	Bauherren- und Fachplaner-Koordination
Planungskontrolle	Planungskoordination
Terminkontrolle und Fortschreibung	Terminkontrolle und Fortschreibung
Qualitäts- und Materialcontrolling	Kontrolle der Bauleitung
Abstimmung mit Behörden vor Ort	Behördenkoordination
Ausschreibungen erstellen oder prüfen	Ausschreibungen erstellen oder koordinieren
Mitwirken bei der Vergabe	Steuerung der Vergabe
Beachten des Baubudget	Kostenaufstellung / Budgetcontrolling
Rechnungen prüfen	Rechnungen freigeben
Nachträge prüfen	Nachträge freigeben
Umsätzen von Bauverträgen / Leistungen	Verträge abschließen
Führen von Baugesprächen	Führen von Planungsgesprächen
Führen Bautagebuch	Projektbericht für den Auftraggeber
Begehungen mit Baubeteiligten und NU	Begehungen mit Bauleiter
Baustellensicherheit	Beauftragung SiGeKo
Kontrolle gegen Schwarzarbeit	Kundenmanagement, Bauherrengespräche
Einweisungen auf der Baustelle	Teamleiter
Mitwirkung bei der Abnahme	Mitwirkung bei der Abnahme
Datenpflege / Nachweise für Revision	Datenpflege / Revision koordinieren

Abb. 1.1 Aufgaben von Bauleiter und Projektleitung

Aus Abb. 1.1 ist ersichtlich, dass viele Aufgaben durch beide Akteure zu erbringen sind. Dieses ist auch gewollt und richtig. Oftmals beginnen spätere Projektleiter ihre ersten Schritte im Bauwesen als Bauleiter. Ich bin der Ansicht, dass dies eine Grundvoraussetzung sein sollte! Wer kann eine Baustelle als Projektleiter führen, wenn er nicht einmal im Geschehen vor Ort war? Die am Bau Beteiligten führen müssen beide. Mit dem Wissen über die Befindlichkeiten von Nachunternehmern, Bauleitern etc. lässt sich viel leichter der Gesamtführungsanspruch der Projektleitung untermauern.

Je nach Auftraggeber ist die Aufgabenstellung des Projekt- und Bauleiters unterschiedlich. Zu unterscheiden ist hierbei in die *Auftraggeber-* oder *Nachunternehmerseite.*

Klassisch wird der Bauleiter (abgekürzt BL) dem Nachunternehmer und der Projektleiter (PL, oder Projektmanager/PM) dem Auftraggeber zugeordnet. Das ist aber nicht immer so, hier ist zu differenzieren. Jeder Nachunternehmer stellt einen Ansprechpartner, in der Regel einen Bauleiter, für sein Gewerk innerhalb der Baumaßnahme ab. Das Zusammenführen der einzelnen Bauleiter übernimmt der Bauleiter des Beauftragenden. Dies kann im Namen des Bauherrn erfolgen, klassisch durch das Architekturbüro, oder durch den Bauträger (Generalunternehmer/GU bzw. Generalübernehmer/GÜ). Im zweiten Fall sollte durch ein Qualitätsmanagement die Ausführung vor Ort zusätzlich überwacht werden, z. B. durch den Architekten.

Gleiche Aufgabenverteilung gilt für den Projektleiter/-manager, dieser wird im Namen des Bauherrn gestellt, d. h. durch das Architekturbüro bzw. ein spezialisiertes

Projektmanagementbüro. Oftmals wird das PM durch den Bauträger (GÜ oder GU) gestellt. Der Bauherr kann zusätzlich einen eigenen Projektmanager einschalten, der die Aufgaben des Bauherrn in Vertretung übernimmt. Dieser kann ein Angestellter des Bauherrn (BH) sein oder wie vor genannt ein spezialisiertes Büro.

Die Aufgaben des Projektmanager, Projektleiter und Bauleiter unterscheiden sich nur in Nuancen, erkennbar durch die unterschiedlichen Vertretungsrechte, d. h. Befugnisse. Anordnungen können nur durch den getroffen werden, der auch vertraglich hierzu in die Lage versetzt wird. Auf der Baustelle eines Bauträgers hat der Bauherr und seine Vertreter in der Regel kein Anordnungsrecht, sondern nur das Hinweisrecht. Anordnungen werden erst ausgeführt nach Klärung der Auswirkungen, d. h. Kosten, Termine und ggfs. Umplanungen.

Projekte werden immer technischer, immer mehr Bau-Maschinen kommen zum Einsatz, die Baukonstruktionen sind komplexer und vielschichtiger sowohl in der Bautechnik als auch in der Haustechnik, Bauen wird gefühlt auch immer günstiger (bedingt durch den Preisdruck durch starke Konkurrenz) und der Termindruck ist größer aufgrund immer kürzerer Bauzeiten.

In einem sehr frühen Stadium ist daher zu entscheiden, wer welche Aufgaben übernimmt. Um ein Projekt zum Erfolg zu führen, ist vorausschauend und frühzeitig in ein Projekt einzusteigen. Oftmals wird ein Bauprojekt planerisch vorbereitet, ohne dabei Rücksicht zu nehmen auf die besonderen Gegeben- und Befindlichkeiten der Bauherren, der späteren Nutzer, der Gegebenheiten der Baustelle und der Nachunternehmer. Wenn Projekte nicht frühzeitig in allen Ebenen durchdacht werden, artet das Bauen vor Ort oftmals ins Improvisieren und Reagieren aus. Bei Kostenüberschreitungen muss die Baustelle die Kosten retten bzw. Einsparungen müssen vorgenommen werden und dies natürlich ohne Qualitätsabstriche.

Daher empfehle ich allen Planungsbüros und Bauherrn frühzeitig einen Projektleiter oder eine Person, die diese Aufgabe übernimmt, einzuschalten. Hierdurch können viele Aspekte bereits in der Planungs- und Baugenehmigungsphase zusammengeführt werden, die sonst oft nur einzeln und ohne Bezug betrachtet werden.

Oftmals kommt ein Bauleiter erst mit Baubeginn in ein Bauvorhaben bzw. auf die Baustelle. Sicherlich ist es sinnvoll, den Bauleiter in der Vergabephase bereits einzubinden, da er hier die Firmen und die auszuführende Leistung gut kennenlernen kann. Aber wie so oft fehlt es an Personal- und Kostenressourcen für eine frühzeitige Einbindung. Ich empfehle den Bauleiter im Voraus immer mit allen relevanten Informationen zum Bauprojekt umfassend zu informieren, da bei Ausfall des Projektleiters, z. B. Krankheit, dieser die Aufgaben weiterführen kann. Wenn aber der Bauleiter einer anderen Vertragsseite angehört als der Projektleiter, wird dieses schwierig. Auch die Fortschreibung der Terminplanung ist in der Bauleitung gut aufgehoben, da diese viel näher am Baugeschehen ist. Allerdings ist eine Abstimmung mit dem Projektleiter unabdingbar, da dieser den Erfolg schuldet und somit auch das letzte Wort in der Termingestaltung hat.

TIPP

Diese vier Hauptziele sind zu erreichen für ein *gutes* Bauvorhaben:

– Kosten: Kostensicherheit und das Wissen wie Kosten gestaltet werden.
– Termine: Fertigstellung im Rahmen der gesetzten Termine erspart viel Ärger.
– Qualität: Gute Qualität überzeugt Bauherren und ergibt weniger Mängel.
– Funktion: Sicherstellung zur Inbetriebnahme. Keine Abnahme heißt kein Abschluss des Projektes.

Um diese Ziele zu erreichen, müssen alle, insbesondere die Projektleitung, Hand in Hand arbeiten.

1.2   Wer führt ein Bauvorhaben, wer hat das Sagen?

Ich nenne dieses Problem das *Hutproblem*. Oftmals scheitern Bauvorhaben daran, dass alle Beteiligten in irgendeiner Weise einen Führungsanspruch für ihre Rolle erheben. Dieses ist im Grunde auch richtig, aber leider verfolgen die Beteiligten oftmals ihre eigenen Interessen. Verantwortung wird letztendlich auch nur für die eigene Arbeit übernommen. Dieses wird besonders deutlich, wenn etwas was schief gegangen ist. Dann ist es immer die andere Partei, nie das eigene Haus. Interessengruppen gibt es viele:

- Der Bauherr: „wer bezahlt hat auch das Sagen."
- Der Architekt: „schön und sinnvoll ist was ihm gefällt."
- Die Behörde: „Dienstleistung sieht anders aus."
- Die Versorger: „gerne aber nicht jetzt".
- Der Statiker: „zwei Statiker = zwei unterschiedliche Konstruktionen."
- Der Brandschutzgutachter: „das Konzept kann über viele Kosten entscheiden."
- Der TGA-Fachplaner: „Bauleitung Bau und TGA (technische Gebäudeausrüstung) ticken anders. Das Gebäudekonzept und die technische Ausrüstung müssen zusammenpassen."
- Der Bauleiter: „die Baustelle gehört mir."
- Der Nachunternehmer: „er weiß am besten wie richtig gebaut wird."
- Der Nutzer: „er hat es immer schon gewusst und ist meist unzufrieden."
- Der Gutachter: „Norm ist Norm, Handwerk und Faktor Mensch unbekannt."

Alle diese Akteure und Interessen müssen gebündelt und geführt werden. Führen kann rein rechtlich nur der Auftraggeber, also der Bauherr. Aber gerade in Bauvorhaben ist der Bauherr mit dieser Aufgabe überfordert und übergibt diese Aufgabe an Dritte, z. B. Architekturbüro, Projektsteuerungsbüro oder Generalplaner.

Bei Großprojekten oder technisch sehr anspruchsvollen Projekten kann diese Aufgabe nicht mehr klassisch allein durch den Architekten erfüllt werden. Zu vielschichtig und komplex sind die Aufgaben. Wer diese Fachrichtung studiert hat, weiß warum ich das betone. Leider ist die Bauabwicklung und Baustellenmethodik nicht das Kerngebiet der Architektur- und Ingenieurslehre. Projektmanagement und Baustellenbetrieb kann man nur in der Praxis erlernen. Beide Ingenieursgruppen können sich spezialisieren, die eine eher technisch ausgerichtet, die anderen planerisch. Die Kombination und das Fachübergreifende machen den Unterschied einer guten Projektleitung aus.

Um Bauvorhaben zielgerichtet abzuwickeln wurde das Projektmanagement als eigenständiges Leistungsbild eingeführt im Bauwesen (vgl. AHO 2014). Dieses ist in der Industrie nicht anders, z. B. Autowirtschaft, IT-Branche etc.

Die Projektleitung bündelt die unterschiedlichen Auffassungen und Aufgabengebiete und führt sie zusammen, d. h. er koordiniert diese. Dazu sind ein ständiger Gedanken- und Wissensaustausch zwischen den Beteiligten notwendig. Das Hauptinstrument ist somit die Kommunikation, also das Gespräch. Eine klassische Bauleitung hat hierfür nicht genug Zeit. Auch kommunizieren will gelernt sein. Die Ansprache und der Tonfall können viel zu einem gelungenen Gespräch beitragen. Der Projektleiter ist somit auch Moderator.

Durch das Projektmanagement werden die Zielvorgaben im Planungs- bzw. Bauprozess definiert. Dieses ist wichtig, da alle Beteiligten unterschiedliche Vorstellung vom Projekt haben (vgl. Okun und Hoppe, Springer 2017). Darüber hinaus hinterfragt das Projektmanagement alle Schritte und Planungen. Dieses dient dem Verständnis, man kann nur über das Reden was man weiß, bzw. soll Chancen und Risiken aufzeigen. Und schon sind wir dabei ein Projekt zu moderieren, d. h. zu gestalten und zu führen.

Führen heißt:

- Schnelle Auffassung, schnell verstehen
- Auf den Punkt bringen
- Exzellente Kommunikation
- Menschen mitnehmen und überzeugen > sinnvoll, Sinn stiften, Konsens
- Entscheidungen treffen > ich weiß was ich tue
- Führungsstil sollte kooperativ und nicht autoritär sein

Wichtig ist, dass die Projektleitung ihre Aufgabe als Chance begreift und versucht die Aufgabe auch mit Verantwortung zu füllen. Verantwortung übernehmen heißt aber auch Entscheidungen zu treffen. Ich kann nur empfehlen das Heft des Handelns nicht aus der Hand zu geben. Derjenige, der aktiv andere führt und motiviert kann und wird beste Ergebnisse erzielen. Wer zaudert und hadert und Entscheidungen verschleppt wird schnell nicht ernst genommen und ggfs. ersetzt. Sind Sie Projektmanager des Bauherrn, dann haben Sie meist nur Empfehlungscharakter. Empfehlungen mit Entscheidungsgrundlagen untermauert helfen schnelle Entscheidungen herbeizuführen, letztlich liegt wieder alles bei Ihnen.

Bei unklaren Hutproblemen sollte man möglichst zeitnah durch Gespräche mit den Verantwortlichen die Schnittstellen und Aufgaben abstimmen. Aber auch hier kann ich beruhigen, wenn andere Partner erkennen, dass jemand entscheidungsfreudig ist und nach der Aufgabe verlangt, wird er sie in der Regel auch erhalten. Schön ist der Ausspruch der Bauherren, „es war ein großartiges Projekt, ich musste nichts machen", dann haben Sie alles richtig gemacht.

Tipp
Verantwortungen festlegen, löse das Hutproblem! Projektmanager führen und moderieren. Das letzte Wort sollte bei Ihnen sein, aber nicht als Allein-Entscheidung, sondern im Rahmen eines Entscheidungsprozesses (sinnvoll, Konsens). Somit kann keiner sagen er sei übergangen worden.

1.3   Was versteht man unter Projektmanagement

In der DIN 69901 wird Projektmanagement definiert als Führungsaufgabe, Führungsorganisation und Führungsmittel (DIN 69901, 2009, Teil 1–5). Unter Projektmanagement versteht man die Organisationsaufgabe zur Abwicklung von Projekten.

Für den Projektmanager im Bauwesen gibt es unterschiedliche Begrifflichkeiten: Projektleitung, Projektmanager oder Projektsteuerung. Diese sind nicht zu verwechseln mit der Projektentwicklung. Die Begriffe Projektleitung und Projektsteuerung kommen aus dem Projektmanagement und werden hier zusammengefasst.

Die Projektleitung bezieht sich rein auf das Umsetzen von Bauvorhaben, d. h. sie tritt erst in Aktion, wenn das Projekt bereits gefunden, also konkret geplant wird. Allerdings wird oftmals anstatt Projektleiter auch die Bezeichnung Projektmanager benutzt.

Die Projektsteuerung hingegen unterstützt den Bauherrn in der Voruntersuchung über Standorte oder Grundstücke, in der Feststellung der Machbarkeit etc. Die Hauptthemen sind Organisation, Qualitätssicherung, Kosten und Termine.

Die Projektsteuerung/-leitung ist gegenüber dem Bauherrn verantwortlich und gegenüber Dritten im Namen des Bauherrn oder Beauftragenden weisungsbefugt. In der HOAI/AHO ist die Projektsteuerung als delegierbare Funktion des Auftraggebers abgegrenzt zur Objektplanung. Mehrfachbeauftragungen oder Kompetenzprobleme werden so vermieden.

Sollte die Projekt- und Bauleitung durch einen GU (Generalunternehmer oder –übernehmer) gestellt werden, kann der Bauherr trotzdem einen Projektmanager, der seine Interessen wahrt, beistellen. Denn der Projektleiter des GU ist eine Teilprojektleitung und nur für die beauftragte Leistung verantwortlich. Hier sind die Schnittstellen und Befugnisse vertraglich festzuschreiben.

TIPP

Achten Sie auf Ihre Vollmachten. Wenn Sie im Namen des Bauherrn entscheiden dürfen, z. B. Qualitäten und Kosten, sind diese schriftlich zu vereinbaren und die Ergebnisse ebenfalls schriftlich zu dokumentieren. Gleiches gilt, wenn Sie nur Empfehlungscharakter haben.

Die Projektsteuerung gem. AHO, geht über das Maß der Objektleitung in der HOAI hinaus. Die Leistungen beinhalten auch Leistungen, die der projektabwickelnde Architekt zu erbringen hat. Die Leistungen überschneiden sich somit. Die Leistungen können in Anlehnung der HOAI wie folgt beschrieben werden:

- Klärung der Aufgabenstellung und Koordination des Gesamtprojektes.
- Klärung der Voraussetzungen für den Einsatz von Planern und anderen fachlich Beteiligten.
- Aufstellung und Überwachung von Organisations-, Termin- und Zahlungsplänen […].
- Koordination und Kontrolle der Projektbeteiligten, mit Ausnahme der ausführenden Firmen (als PM des GU anders, wird auch nicht nach HOAI abgerechnet).
- Vorbereitung und Betreuung der Beteiligung von Planungsbetroffenen.
- Fortschreibung der Planungsziele und Klärung von Zielkonflikten.
- Laufende Information des AG über die Projektentwicklung und rechtzeitiges Herbeiführen von Entscheidungen des AG.
- Koordination und Kontrolle der Bearbeitung von Finanzierungs-, Förderungs- und Genehmigungsverfahren.

Auch in der AHO (Ausschuss der Verbände und Kammern für Honorarordnung) werden Anforderungen an den Projektsteuerer gestellt. Diese Beschreibung ist unvollständig und gibt nur einen kleinen Abriss über die Leistungen im Projektmanagement wieder.

Projektmanagement Bau heißt:

- Planen, Organisation und Vorgehensweise im Projekt
- Ziele definieren, Inhalte und Qualitäten festschreiben
- Ziele definieren II, Kosten- und Zeitabläufe
- Steuern d. h. Führen der Beteiligten
- Kontrollieren, Ausführung und Meilensteine (Bauüberwachung)
- Dokumentieren der Ergebnisse

Ein Projektentwickler hat zudem noch weitere Aufgaben:

- Markt- und Standortanalysen
- Bebauungs- und Nutzungskonzepte abstimmen
- Finanzierungspläne ausarbeiten
- Ausschreibung und Überwachung von Baudienstleistungen

1.4   Wer darf Projektmanager-Bau sein?

Projektmanager oder Steuerer darf im Grunde jeder sein der sich diese Aufgabe zutraut. Aber in der Regel werden gewisse Ansprüche gestellt, einen Hinweis gibt die HOAI, hier wird das Projektmanagement als „Besondere Leistung" genannt. Auch der DVP, Deutscher Verband für Projektmanagement, gibt Leitsätze für das Berufsbild und die Honorierung heraus. Der Begriff des Projektentwicklers ist grundsätzlich nicht geschützt

Wer in Deutschland Architekt oder Beratender Ingenieur sein möchte, muss Mitglied einer Architekten- bzw. Ingenieurkammer sein. Kammern sind Körperschaften des öffentlichen Rechts, d. h. Sie vertreten bestimmte Berufs- und Wirtschaftsbereiche. Die Bestimmungen der Mitgliedschaft können in den Statuten und Kammergesetzen nachgelesen werden.

Unter den Ingenieuren sind viele Tätigkeiten zusammengefasst, z. B. Tragwerksplaner, Haustechnische Ingenieurberufe etc.

Die Leistungen der Architekten und Ingenieure unterliegen der Honorarordnung für Architekten und Ingenieure, kurz HOAI genannt.

Neben den Kammern gibt es auch noch eine Fülle von Verbänden und Vereinen, die sich im Planungsumfeld und Bauwesen gebildet haben. Hervorzuheben sind hier der VDI, der Verein Deutscher Ingenieure, und der VBI, Verband Beratender Ingenieure. Abrechnung je nach Berufsbild nach HOAI, AHO oder DVP.

Um im Bauwesen ein Projekt zu managen bzw. anzuleiten sollten Sie eine Qualifikation nach den o. g. Gruppen haben. Oftmals ist das für eine Beauftragung durch einen Bauherren Grundvoraussetzung. Doch auch hier gilt: Je mehr „gute" Projekterfahrungen Sie vorweisen können, desto bessere Chancen haben Sie. Erfolg verpflichtet zu Erfolg.

Beachten Sie, dass viele Steuerungsbüros und Einzelkämpfer auf dem Baumarkt um eine Beauftragung ringen. Erfahrung und Preis machen den Ausschlag.

Anders ist die Situation als angestellter Projektmanager, diese finden sich oft bei Projektentwicklungs- und Baugesellschaften.

Literatur

AHO 2014, Bundesanzeiger Verlag, Schrift Nr. 9.
DIN 69901, 2009, Teil 1–5.
DVP, Deutscher Verband für Projektmanagement in der Bau- und Immobilienwirtschaft.
HOAI 2013, Verordnung über die Honorare für Architekten und Ingenieurleistungen.
Okun und Hoppe. (2017). Die große Führungskrise, Springer.
VBI, Verband Beratender Ingenieure.

Die Projektbeteiligten und Ihre Aufgaben

Wie im Kap. 1 beschrieben, sind viele Personen mit unterschiedlichsten Interessen und Aufgaben bei einer Bauaufgabe beteiligt. Je umfangreicher und komplexer ein Bauvorhaben ist, desto größer ist der Personenkreis der Beteiligten. Die zentrale Aufgabe des Projektleiters/Projektmanagers ist es, diese zu koordinieren. Einige allgemeingültige Abkürzungen im Baugeschehen sehen Sie in Abb. 2.1.

2.1   Die Projektbeteiligten

Der Projektleiter/Manager (PL/PM)
Bevor wir uns die einzelnen Projektbeteiligten anschauen, ist die Stellung des Projektleiters in der Projekthierarchie zu betrachten. Je nach Geschäftsorganisation hat der Projektleiter verschiedene Aufgabenbereiche. Man kann drei Geschäftsmodelle unterscheiden:

1. *Projektsteuerer des Bauherrn als Entscheider:* Vertritt die Bauherrninteressen und ist im Namen des AG weisungsbefugt. Kümmert sich um die gesamte Prozesssteuerung. Insbesondere wenn die Gewerke in Einzelvergaben eingekauft werden. Die Projektsteuerung kann auch durch den Architekten erfolgen. Wichtig ist den Entscheidungsrahmen mit dem AG festzulegen, z. B. Zahlungsanweisungen immer über den AG, Rechnungsprüfung PL.
2. *Projektsteuerung des Bauherrn als begleitende Maßnahme:* Berät und koordiniert die Leistungen AG, meist aber nur Empfehlungscharakter, Pendant gegenüber dem Projektsteuerer des GÜ/GU. Sind Fachplaner durch den AG beauftragt worden, liegt die Koordination beim PM des AG.

AG	Auftraggeber	öffentlich / privat (Bauherr = BH)
AN	Auftragnehmer	Architekt / GU / NU etc., je nach Vertragsverhältnis
A	Architekt	Planung / ggfs. Bauüberwachung
BL	Bauleiter	Selbstständig oder im Auftrag GU / NU
FP	Fachplaner	z.B. Haustechnik, HLSKE
GP	Generalplaner	Plant Bauvorhaben, inkl. Fachplanerleistungen
GU	Generalunternehmer	Führt Bauvorhaben schlüsselfertig aus
GÜ	Generalübernehmer	Plant und führt Bauvorhaben schlüsselfertig aus
NU	Nachunternehmer	Fachlos Einzelunternehmer
PL / PM	Projektleiter / -manager	Selbstständig oder im Auftrag NU, kann auch A sein
V	Vorunternehmer	Begriff selten benutzt, bedeutet Vorleistung vor NU

Abb. 2.1 allgemeingültige Abkürzungen

3. *Projektsteuerer des Generalplaners/Generalübernehmers:* Der Generalplaner liefert die für das gesamte Projekt notwendigen Planungs- und Koordinationsleistungen. Der Projektsteuerer koordiniert intern die gesamte Leistung. Er koordiniert auch die Bauherrnaufgaben zum Teil mit, wenn nicht hierfür durch den AG ein eigener Projektsteuerer eingesetzt wurde. Die Fachplaner werden in der Regel durch den GÜ beauftragt.

Der Auftraggeber (AG)

Der Auftraggeber kann auftreten als klassischer Bauherr oder als Investor. Investoren haben sehr unterschiedliche Organisationsformen. Bauherren können natürliche oder rechtliche Personen sein:

* Öffentliche Hand, das sind der Staat, die Länder, Gemeinden, Kirchen, Zweckverbände und Körperschaften des öffentlichen Rechts
* Gewerbliche Investoren (Versicherungen, Pensionsfonds oder Fondgebilde)
* Private Investoren, die nicht selbst nutzen
* Gewerbliche Unternehmen, Eigennutzung
* Private Bauherren, Eigennutzung

Allen gemeinsam ist, dass sie auf eigene Rechnung bauen oder durch Dritte bauen lassen. Bauherrn können unterschiedlich eingebunden werden in Bauaufgaben. Größere Unternehmen haben oft eine eigene *Bau- und Einkaufsabteilung,* die auch Bauberatungen und Steuerungsaufgaben wahrnehmen kann. Der Bauherr muss nicht der Auftraggeber sein, z. B. AG/BH beauftragt GU, der GU beauftragt den NU und somit der AG für den NU. Der Auftraggeber ist gem. BGB (Bürgerliches Gesetzbuch 2019, §§ 631, Abs. 1) im Werkvertrag dem *Besteller* gleichzusetzen.

Der Bauherr hat folgende Tätigkeiten in einer Bauaufgabe wahrzunehmen:

* Grundstückskauf/Notarvertrag
* Rechtlich und wirtschaftlich verantwortlich > Finanzierung des Projektes

- Anträge, Vorlagen und Anzeigen an Behörden stellen, kann tlw. delegiert werden
- Bauantrag stellen und unterzeichnen (Bauantragerstellung selbst ist Architekten-leistung)
- Aufträge erteilen, kann an Dritte delegiert werden
- Festlegung der Ausführungs- und Qualitätsstandards (Planfreigabe und Bemusterung)
- Zahlungsverkehr/Budgetführung, kann an Dritte delegiert werden
- Anweisung von Zahlungen, immer beim Bauherrn/Auftraggeber
- Baustellen- und Verkehrssicherheit, kann an Dritte delegiert werden (SiGeKo)
- Die Leistungsabnahme auch Abnahme genannt

Wenn der Bauherr Aufgaben delegiert, müssen diese Personen (i. d. R. Planer und Berater) die notwendige Kompetenz oder Zertifizierung (z. B. SiGeKo) aufweisen. Handlungsvollmachten müssen im Eigeninteresse immer schriftlich vereinbart werden, Einschränkungen sind strikt einzuhalten > Haftungsrisiko. Üblicherweise werden die Weisungsbefugten Personen mit Namen vertraglich genannt.

Die Aufgaben des Bauherrn in Vertretung zu übernehmen ist nicht einfach. Auch wenn man die Befugnisse und das Vertrauen des Bauherrn hat, kann dieser sich stets in die Abläufe einmischen, somit bleibt letztendlich das Weisungsrecht immer beim Bau-herrn.

Meistens ist der Bauherr selbst nicht fachkundig und hat große, meist übertriebene und nicht zu erfüllende Ansprüche an die Bauaufgabe und die Bau-Beteiligten. Kommen dann noch die Kosten hinzu, wird die Aufgabe scheinbar unlösbar. Dies ist der oft genannte *Zielkonflikt*.

Bewährt hat sich daher, sämtliche Besprechungen und Änderungen in der Planung bzw. Qualität mit dem Bauherrn schriftlich zu dokumentieren. Den Stand der Bau-stelle kann man dem Bauherrn schriftlich monatlich mitteilen mit einem *Projekt-* oder *Zustandsbericht*. Hier sollten Entscheidungen, offene Fragen etc. festgehalten werden. So kann der AG später nicht sagen, dass er von nichts wusste.

Die Behörden
Für die Genehmigung von Bauvorhaben sind die Bauaufsichtsbehörden der Länder zuständig. Die Bauaufsichtsbehörden sind die Verwaltungsbehörden für das öffentliche Baurecht. Es wird unterschieden in (bitte beachten Sie die Vorgaben der einzelnen Bundesländer):

- Oberste Bauaufsichtsbehörde, Ministerium
- Obere (höhere) Bauaufsichtsbehörde, Regierungsbezirk
- Untere Bauaufsichtsbehörde, Stadt oder Gemeinde

Die untere Bauaufsichtsbehörde wird auch Bauordnungsamt oder Bauamt genannt. Das Baugenehmigungsverfahren wird in den Landesbauordnungen (LBauO) der Länder geregelt. Grundsätzlich sind der Neubau, der Umbau oder die Nutzungsänderung einer baulichen Anlage genehmigungspflichtig (Ausnahme: Es sei denn das Verfahren ist genehmigungsfrei). Dieses gilt auch für Abbruchmaßnahmen. Im Baugenehmigungsverfahren werden die für das Bauprojekt notwendigen öffentlich-rechtlichen Vorschriften überprüft. Die vom Bauamt erwirkte Baugenehmigung bzw. Baubewilligung ist aber nur eingeschränkt als Unbedenklichkeitsbescheinigung zu verstehen. Für die Richtigkeit der Planung haften die Fachplaner und der Architekt.

Einen Bauantrag einreichen kann jeder, auch wenn er nicht Grundstückseigentümer ist. Die notwendige Baugenehmigungsplanung kann aber nur durch Architekten oder Architekten gleich gestellten Personen erstellt werden. Grundsätzlich werden behördenintern verschiedene Abteilungen oder Ämter am Antragsverfahren beteiligt, z. B. untere Wasserbehörde, Feuerwehr, Grünflächenamt etc.

In Deutschland sollten Bauanträge normalerweise innerhalb von 3 Monaten bewilligungsreif sein. Oftmals werden aber von den Behörden Unterlagen oder Angaben nachgefordert, sodass die Bewilligungsfrist sich verlängert. Daher sind im Vorfeld mit den Behörden der Umfang des Antrages und die notwendigen Anlagen, die über das normale Maß hinausgehen, abzustimmen. Auch hier gilt, alle Gespräche sind zu protokollieren. Dieses ist während der Unterredung den Teilnehmenden mitzuteilen. Wichtig: Ein Einspruchsrecht gibt es nicht (mehr), bei Widersprüchen ist der Klageweg zu beschreiten. Daher ist es ratsam das Bauvorhaben mit der Behörde vorab sowohl inhaltlich als auch rechtlich abzustimmen.

Einen Bauantrag auf Basis eines geltenden Bebauungsplans (B-Plan) zu stellen ist relativ einfach. Oftmals gibt es aber keinen B-Plan, dann wird der § 34 des BauGB (Baugesetzbuch) angewendet, d. h. das Bauvorhaben wird anhand der vorhandenen Bebauung im näheren Umfeld bewertet. Bei komplexen Gebäuden, z. B. nicht Wohnungsgebäuden/Industriebauten, ist immer die Brandschutzbehörde und die untere Wasserbehörde mit einzubeziehen. Abweichungen vom B-Plan, der LBauO oder der Industrierichtlinie (für Hallenbauwerke) sind im Vorfeld abzuklären, sodass die möglichen Kompensationsmöglichkeiten bekannt sind.

Wird vom *normalen* Verfahren abgewichen, weil z. B. der B-Plan gerade aufgestellt wird oder ein BImSchG-Verfahren (Bundes-Immissionsschutzgesetz) notwendig ist, kann das Genehmigungsverfahren langwierig und zeitaufwendig werden. Daher gilt es rechtzeitig die Planungsanforderungen mit dem Auftraggeber, der Wirtschaftsförderung und der Stadt abklären.

Der Architekt (A)

Die Berufsbezeichnung Architekt ist eine geschützte Bezeichnung, nur wer in der Architektenliste der jeweiligen Architektenkammern der Bundesländer eingetragen ist, darf den Titel führen. Im eigentlichen Sinne ist der Architekt auch ein Fachplaner. Wenn der Architekt für das komplette Leistungsbild gem. HOAI beauftragt wird, obliegt ihm auch die Projektsteuerung und die Koordination der Fachplaner, d. h. er hat eine Führungsposition für das Projekt.

Die Höhe des Architektenhonorars wird ermittelt über:

- Die Leistungsphasen der HOAI
- Den anrechenbaren Kosten für das Bauvorhaben
- den Schwierigkeitsgrad der Bauaufgabe gem. der Honorarzonen nach HOAI
- wenn er als Gesamt-Projektleiter fungiert, ein Zusatz-Honorar ist frei vereinbar auf Grundlage der AHO

Die Fachbereichsplaner (FP)
Fachplaner sind spezialisierte Ingenieure, z. B. für haustechnische Gewerke. Der Begriff Fachplaner dient als Abgrenzung zum Architekten. Die Planungsbeteiligten sind eingebunden in die Projektgruppe. Diese sind verantwortlich für eine korrekte, den Projektzielen folgende Planung. Als Grundlage der Planungen der Fachplaner dienen die Architektenpläne. Die Planungsschritte (Entwurfsplanung, Genehmigungsplanung etc.) gleichen denen des Architekten. Das Leistungsbild für einige der Fachplaner-Bereiche ist ebenfalls in der HOAI abgebildet, z. B. techn. Gebäudeausrüstung, Tragwerksplanung etc.
Zum Bereich der Fachplanungen zählen u. a.:

- Technische Gebäudeausrüstung
- Statische Berechnungen/Prüfstatik
- Bauphysikalische Planungen (z. B. Wärme- und Schallschutz, Akustik)
- Brandschutz
- Bodengutachten (Eigenes Leistungsbild)
- Vermesser (Eigenes Leistungsbild)
- Verkehrsplanung
- Landschaftsplanung
- SiGeKo (Sicherheits- und Gesundheitskoordinator)

Es gibt aber auch weitere spezialisierte Fachplaner, die i. d. R. nur bei komplexen Bauaufgaben in Erscheinung treten, da ihre Aufgaben oft bereits durch die Hersteller von Produkten mit abgedeckt werden. Um einige zu nennen:

- Fassadenplaner
- Lichtplaner
- Labor- und Medizinplaner
- Löschanlagenplaner
- Innenausstatter (nicht zu verwechseln mit Innenarchitekten)
- und viele mehr

Der Bauleiter (BL)
Im Bauwesen gibt es verschiedene Formen der Zugehörigkeit für den Bauleiter:

- Der Bauleiter des Auftraggebers (Bauträger, Architekt, Bauherr)
- Der Bauleiter des Nachunternehmers/Auftragnehmers
- Der Bauleiter der Aufsichtsbehörde (Stichprobenhafte Kontrolle, inzwischen mehr und mehr durch Gutachter übernommen)

Die Rechte und Pflichten des Bauleiters gegenüber dem Bauherrn und Bauunternehmen können frei vereinbart werden. Die Grundleistungen werden unter Zugrundlegung der HOAI LPH 8, Anlage 11 (HOAI 2013) definiert. Die Grundleistungen sind:

- Überwachung der Ausführung, genannt Objektüberwachung
- Aufrechterhaltung der allgemeinen Ordnung auf der Baustelle
- Bautagebuch führen
- Koordination der an der Objektüberwachung fachlich Beteiligten
- Überprüfung auf Übereinstimmung mit der Baugenehmigung
- Überwachung und Detailkorrektur von Planungen
- Überwachen des Zeitplanes (ggfs. auch aufstellen)
- Abnahme der Bauleistungen und Feststellen von Mängeln
- Rechnungsprüfung
- Kostenkontrolle Beauftragungen und Kostenanschlag
- Überprüfen des Aufmaßes von Nachunternehmern
- Antrag auf behördliche Abnahme und Teilnahme
- Übergabe des Objekts einschließlich Zusammenstellung und Übergabe der Unterlagen

Der Bauleiter ist weisungsbefugt auf der Baustelle für die Aufgaben, die notwendig sind, um seine Pflichten zu erfüllen. Allerdings darf er keine Vertrags- und Qualitätsänderungen anweisen. Hierzu benötigt er eine Bevollmächtigung seitens des Bauherrn oder seines Vertreters, z. B. Projektsteuerer.

Nimmt der Architekt die Bauleitung im Sinne der Beauftragung war, hat der Architekt sowohl die Projekt- als auch Bauleitung inne.

Der Bauleiter hat keine ständige Anwesenheitspflicht auf der Baustelle, muss aber stichprobenhaft die Bauausführung überwachen und bei allen wichtigen Vorgängen, z. B. Firmeneinweisung, Abnahme später nicht sichtbarer Bauausführungen etc. anwesend sein.

Der Generalplaner (GP)
Einzelne Planungsdisziplinen können als Planungsblock bei einem Auftragnehmer, dem Generalplaner, vertraglich zusammengefasst werden. Der Bauherr hat somit nur einen Ansprechpartner. Der Bauherr kann so nur beschränkt auf die Auswahl der Fachplaner Einfluss nehmen. Die einzelnen Fachplaner-Aufträge werden vom Generalplaner beauftragt. Die Leistungsbeschreibung für die Baumaßnahme wird vom Generalplaner erstellt

und vertraglich mit dem AG abgestimmt. Das Planungsrisiko liegt für die beauftragten Leistungen beim Generalplaner.

Der Generalübernehmer/Bauträger (GÜ/GU)

Ein Generalübernehmer (GÜ) oder Bauträger ist ein Unternehmen, das im eigenen Namen Verträge über Planungs- und Bauleistungsverträge für ein Bauvorhaben mit einem Auftraggeber abschließt. Die Bauaufgabe wird durch den GÜ eigenverantwortlich durchgeführt bis zur Übergabe, d. h. der GÜ baut i. d. R. zu einem Festpreis (Pauschalpreis) und schuldet einen festen Fertigstellungstermin. Die Tätigkeit des GÜ ist als gewerbliche Tätigkeit zu sehen und nicht mit dem Berufsbild des Architekten gleichzusetzen. Allerdings kann der GÜ Architekten beschäftigen und so eigenständig Planungen erstellen und einreichen.

Der sogenannte Generalunternehmer (GU) hingegen führt nur Bauleistungen aus, plant diese aber nicht. Daher ist der GU zu den Nachunternehmern zu zählen. Beide, der GÜ und der GU verfügen heutzutage über eigenes Baupersonal (gewerbliche genannt), i. d. R. wird nur das Bauleitungspersonal inkl. Projektleiter von diesen gestellt. Da der GÜ auch die Planungsleistung mit ausführt, obliegt ihm die komplette Projektsteuerung für die Planungs- und Ausführungsphase. Der Bauherr wird bei größeren Baumaßnahmen einen externen Projektsteuerer und Bauleiter zur Kontrolle des GÜ einsetzen.

Typische Ansprechpartner aufseiten des GÜ/GU mit denen Sie es zu tun haben können:

- Vertriebsmitarbeiter, oft auch Geschäftsführer > macht die Verträge
- Technisches Personal für Planung und technische Fragen etc., i. d. R. Architekten und Bauingenieure
- Kalkulator für die Kostenermittlung
- Kaufmann für die Verträge
- Projekt- und Bauleiter, meist zwei unterschiedliche Personen
- Poliere, unterstehen dem Bauleiter (meist nur bei großen Bauvorhaben)

Auch beschäftigt der GÜ teilweise externe Fachplaner, z. B. Bodengutachter, Statiker, haustechnische Planer, Brandschutzgutachter etc.

So ist der GÜ in der Lage die gesamten Planungsleitungen abzudecken.

Der Nachunternehmer (NU)

Der Nachunternehmer bietet Bauleistungen an, nach Beauftragung durch den AG Nachunternehmer genannt. Gem. VOB/A wird der NU auch als Fachunternehmer bezeichnet. Der NU kann seinerseits den Auftrag weitervergeben an sog. Subunternehmer. Verantwortlich für die Leistung des Subunternehmers ist der NU. Ausführung in Einzelgewerkausführung (sogenannte Fachlosevergabe) oder als GU-Leistung. Bei ersterer Beauftragungsform ist durch den Projektleiter die Leistung im Namen des AG zu vergeben und dafür zu sorgen, dass der Fertigstellungstermin eingehalten wird. Bei einer

GU-Vergabe setzt dieser eigenständig zu einem Festpreis und Fertigstellungstermin das Bauvorhaben um (siehe vor).

Auch der Personenkreis auf der Baustelle ist unterschiedlich. Jeder Nachunternehmer hat für sein Gewerk einen Bauleiter zu stellen. Dieser koordiniert die an ihn beauftragten Leistungen und stimmt sich mit den anderen Gewerken ab. Dies geschieht meist in einer Baustellenbesprechung. Der Projektleiter oder Bauleiter des Bauherrn hat die Koordinationspflicht, bei einer GU Vergabe hat der GU die Koordinationspflicht. Er stellt sein eigenes Baustellenpersonal, d. h. den Projektleiter und den Bauleiter. Oftmals sind auch mehrere Bauleiter und Poliere zeitgleich auf einer Baustelle. Da er aber nicht selbst plant, stellt der Bauherr einen eigenen Projektleiter, der die Planung(en) koordiniert. Der Projektleiter kann wie bereits beschrieben auch der Architekt sein.

Ist der Nachunternehmer ein GÜ, plant und koordiniert dieser eigenständig die Leistung und die seiner Nachunternehmer.

Der Nutzer

Der Nutzer, oftmals auch Mieter, kann auch mit den Bauherren oder Eigentümern identisch sein. Im Planungsprozess sind die Vorgaben durch den Nutzer sehr wichtig, die Art der Nutzung ist die Grundlage des Architektenentwurfs. Die Nutzung beeinflusst heutzutage insbesondere auch die haustechnischen oder energetischen Themen. Hier ist das Wissen um die Nutzung eines Gebäudes oftmals entscheidend, z. B. Energieverbräuche, energetische Standards wie Passivhaus etc.

Mängelrügen oder kritische Abnahmen erfolgen oftmals nachträglich durch die Nutzer, d. h. nach Abnahme des Bauherrn. Wer den Nutzer im Verlauf des Projekts mitnimmt im Projekt kann sich viel Ärger ersparen. Dem Grunde nach soll auch alles am Ende funktionieren. Nutzerwissen erspart viel Planungsärger.

2.2   Wann wähle ich welche Projektkonstellation

Diese Frage muss sich jeder Bauherr stellen. Hier ist vorab zu unterscheiden zwischen 2 Bereichen:

- Öffentliche Hand, d. h. Behörden der Länder und Kommunen etc. oder Bauträger die wie die öffentliche Hand agieren, z. B. Zweckverbände, Kirchen oder andere Körperschaften des öffentlichen Rechtes.
- „Freie Wirtschaft", hierzu zählen Privatpersonen, privat Investoren etc.

Die Öffentlichen Auftraggeber müssen ihre Bauaufträge, aber auch ihre Architektenverträge, nach den Bestimmungen der Dienstleistungskoordinierungsrichtlinie der EU (Richtlinie 2006/123/EG-Dienstleistungsrichtlinie) vergeben. Wenn der Öffentliche Auftraggeber über eine eigene Planungsabteilung verfügt, kann er auch eigene Planungen erstellen und ggfs. Bauüberwachungen durchführen. Allerdings sind auch hier bestimmte Regeln einzuhalten.

Auch kann ein öffentlicher Bauherr Aufgaben aus seinem Bereich ausgliedern und so die Aufträge wie in der freien Wirtschaft, d. h. nicht als öffentliche Hand, zu vergeben.

Private Bauherren können Leistungen direkt vergeben oder beauftragen. Hier muss der AG entscheiden, ob er mit einem Architekten arbeitet oder für die Leistung einen Generalplaner oder Gesamtübernehmer (GÜ) beauftragt. Die Unterschiede sind die Folgenden:

- Architektenvertrag: Der Auftraggeber (AG) beauftragt einen Architekten mit der Planung und muss zusätzlich alle weiteren Fachplaner einzeln beauftragen. Der Architekt und die Fachplaner schreiben die Leistungen aus und überwachen diese nach Baufortschritt. Die Nachunternehmer (NU) werden vom AG einzeln beauftragt. Die Rechnungen werden zwar von den Fachplanern geprüft, d. h. alle Verträge und Rechnungen sind vom AG abzuschließen bzw. zu vergüten. Somit bleibt die Haftung beim AG und im Streitfall muss der AG jeden Beteiligten (A, FP und NU) einzeln in Regress nehmen. Hier bleibt das Planungs- und Kostenrisiko allein beim AG.
- Der Generalplaner stellt alle notwendigen Fachplaner auf seine Rechnung. Hier hat der Auftraggeber einen Ansprechpartner auf der Planungsseite. Dieses beschleunigt das Planungsverfahren, aber die Beauftragung der NU bleibt beim AG. Das Planungs-risiko geht auf den Generalplaner über.
- Will der AG das Planungs- und Kostenrisiko nicht tragen, beauftragt er einen General-übernehmer (GÜ). Dieser plant mit eigenen Fachplanern das Projekt und beauftragt auch alle NU auf eigene Rechnung. Hierdurch hat der AG nur einen Ansprechpartner für den gesamten Planungs- und Bauprozess. Das Planungs-, Termin- und Kostenrisiko kann so auf den GÜ abgewälzt werden. Voraussetzung hierzu ist der passende Vertrag, d. h. ein sogenannter Pauschalauftrag mit garantierter Kostenobergrenze bzw. Festpreis.

Viele Generalübernehmer bieten unterschiedliche Vertragsmodelle an. Hier ist durch den AG zu prüfen welcher zu ihm passt. Zu beachten ist, dass der GÜ auch nicht das Risiko ohne Kostenaufschlag tragen wird und umgekehrt schlecht oder nicht vereinbarte Leistungen nachträglich vergütet haben möchte. Hier gibt es leider viele schwarze Scharfe, die die Unkenntnis des AG ausnutzen. Daher kann es bei größeren Bauvorhaben Sinn machen einen externen Projektsteuerer einzuschalten, der den AG berät.

Besonders interessant wird das zu wählende Geschäftsmodell, wenn im Projekt nach-träglich verschiedene Nutzer einziehen möchten. Hat man einen Nutzer, hat man i. d. R. einen Ansprechpartner im Projekt für wichtige Entscheidungen. Viele Nutzer bedeuten viele Entscheider und ein Mehr an Arbeit bei Sonderwünschen, nachträglichen Änderungen, Mängelbeseitigung etc. Diese Mehrarbeit kann auf einen Projektsteuerer oder einen GÜ abgeschoben werden. Allerdings sind auch hier von vorhinein Spiel-regeln zu vereinbaren, ansonsten kann das Projekt sich nachträglich verselbstständigen in Kosten und Terminen.

TIPP

Es gilt: Der Vertrag ist die „Wurzel allen Übels". Wer hier nicht umsichtig und sicher agiert, hat später viel Ärger. Wer sich bindet prüfe seinen Vertragspartner vorher gut. Holen Sie sich daher rechtzeitig Hilfe oder Beratung.

Auch gilt der Spruch: Ihr Projekt ist nur so gut wie Ihre Beteiligten (Planer, GU, NU etc.).

Literatur

BGB Bürgerliches Gesetzbuch, Fassung 21. Dezember 2019.
BauGB Baugesetzbuch, 2004.
Dienstleistungsrichtlinie der Europäischen Union Richtlinie 2006/123/EG.
HOAI 2013, Verordnung über die Honorare für Architekten und Ingenieurleistungen.

Ein Bauvorhaben beginnt lange vor dem eigentlichen Baubeginn auf der Baustelle. Hat sich ein Bauwilliger, genannt Auftraggeber (AG), für eine Bauaufgabe entschieden, wird als erstes ein geeignetes Grundstück benötigt. Je nach Bauaufgabe ist auch das Grundstück nach geeigneten Kriterien auszuwählen, d. h. z. B. für ein Logistikprojekt ein *Gewerbegebiet*, für Produzierendes Gewerbe je nach Herstellungsart und Umweltbeeinflussung ein *Industrie-* oder *Gewerbegebiet.* Wohnbebauungen sind in *Wohngebieten* zu errichten. Dieses ist in den *Flächennutzungsplänen* (F-Plan) einer Gemeinde/Stadt vorgegeben (BauGB, Baugesetzbuch, § 5 f.). Je nach Gebiet gibt es i. d. R. einen *Bebauungsplan,* kurz B-Plan, indem die Art und Größe der baulichen Nutzung vorgegeben wird (BauGB, Baugesetzbuch, § 8 f.). Gibt es keinen B-Plan ist das Bauvorhaben nach § 34 des Baugesetzbuches (BauGB) anzusuchen, d. h. nach Ermessen und Umgebungsbestandsbebauung. Ältere Gebiete unterliegen meistens keinen gültigen B-Plänen mehr.

Das Verändern von bestehenden bzw. die Einflussnahme auf die Erstellung von neuen B-Plänen ist möglich in Abstimmung mit der Gemeinde/Stadt, führt jedoch zu langen Bearbeitungszeiten aufgrund der Beteiligung von Bürgern und Behörden. Im Regelfall ist von 1 bis 2 Jahren Bearbeitungszeitraum auszugehen.

Wenn ein Projektsteuerer separat/extern beauftragt wurde, begleitet er alle nachfolgenden Projektphasen und koordiniert diese in Abstimmung mit den Planungsbeteiligten. Ist der Architekt mit der Koordination gem. HOAI oder ebenfalls mit der besonderen Leistung der Projektsteuerung beauftragt, übernimmt er diese Leistungen mit.

Bei Nichtwohngebäuden oder größeren Bauvorhaben hat der AG oftmals einen eigenen Ansprechpartner aus seinen Reihen oder als externen Berater zusätzlich

© Der/die Herausgeber bzw. der/die Autor(en), exklusiv lizenziert durch Springer
Fachmedien Wiesbaden GmbH, ein Teil von Springer Nature 2020
S. Schirmer, *Bau-Projektmanagement für Einsteiger,*
https://doi.org/10.1007/978-3-658-30844-5_3

beauftragt, der die Schnittstellen zum Projektsteuerer oder Architekten abdeckt und als Ansprechpartner benannt wird. Hier sind die Aufgaben und Schnittstellen zwischen dem AG Beauftragten bzw. dem Projektsteuerer abzustimmen.

3.1   Der Architekt

Ist das passende Grundstück gefunden, wird in der Regel ein Planer, d. h. ein Architekt, mit der Planung des Objektes beauftragt. Bei privaten bzw. nicht öffentlichen Bauvorhaben kann der Planer vom Auftraggeber frei gewählt werden.

Öffentliche Auftraggeber sind in Deutschland der Staat, die Länder, die Gemeinden, aber auch Kirchen, Zweckverbände und Körperschaften, da diese staatliche Beihilfe erhalten. Bei öffentlichen Bauvorhaben sind sogenannte Auftragsvergaben-Verfahren, egal ob Planer oder ausführende Firmen, zu beachten. Bei Planungsleistungen ist die *Dienstleistungskoordinierungsrichtlinie der EU* zu berücksichtigen. Viele öffentliche Auftraggeber beschäftigen eigene Planungsabteilungen und können so Bauleistungen selbstständig planen und die Baustelle leiten. Oftmals werden für öffentliche Bauvorhaben Architektenwettbewerbe ausgelobt, um unter verschiedenen Entwürfen die geeignetste Lösung zu finden.

Bauvorlagenberechtigt ist der Architekt, der in die Architektenliste eingetragen ist. Diese wird nach Bundesländern getrennt von den jeweiligen Architektenkammern geführt. Die Vergütung erfolgt über die Honorarordnung für Architekten und Bauingenieure (HOAI). Bitte beachten sie die aktuellen Entwicklungen zur HOAI, siehe hierzu später. Es wird unterschieden nach *Grundleistungen* (§ 15) und *besondere Leistungen*. Die Honorierung erfolgt nach Einstufungen, z. B. Schwierigkeitsgrad, Lage, Größe und den anrechenbaren Kosten, d. h. den Herstellkosten Gebäude.

Die HOAI unterscheidet in sogenannte Leistungsphasen. Diese gehen von LP 1 bis zur LP 9. Oftmals werden Architekten nur bis zur LP 4 beauftragt, d. h. Einholung der Baugenehmigung. Die Ausführungsplanung (LP 5) kann ggfs. von einem anderen Architekten oder sogar einem GÜ übernommen werden. Wenn ein GÜ/GU die Planung übernimmt, beauftragt er extern die Architekten- und Fachplanerleistung. Der GÜ/GU ist nicht an die Honorarwerte der HOAI gebunden und kann sein Planungshonorar frei gestalten.

Mit der HOAI wird auch die Kostenermittlung beauftragt. Diese erfolgt bei HOAI Verträgen auf Grundlage der DIN 276 (DIN 276, 2018). Diese dient zur Ermittlung der Objekt- bzw. Baukosten und ist Grundlage der Honorarberechnungen. In der DIN 276 sind vier Stufen zur Kostenermittlung vorgesehen. Der Detaillierungsgrad nimmt mit Planungsfortschritt zu:

- LP 2 Kostenschätzung entspricht dem Vorentwurf
- LP 3 Kostenberechnung entspricht dem Entwurf

- LP 7 Kostenanschlag Ausschreibung und Vergabe
- LP 8 Kostenfeststellung Fertigstellung Bauleistung

Ein GÜ/GU würde nach der LP 4, Bauantrag, einen Kostenanschlag aufstellen. Je nach Vertragsform als Pauschal- oder Abrechnungsangebot.

3.2 Die Fachplaner

Zur Planung gehören neben der Architektenleistung auch weitere Fachplanungen, z. B. Statik, haustechnische Planungen, Energienachweis, Brandschutzgutachten, Lärmschutzgutachten etc. Diese vor genannten Fachplanerleistungen werden in der LP 4 benötigt als Anlagen zum eigentlichen Bauantrag. Je nach Bundesland variieren die erforderlichen Unterlagen und Nachweise. Die meisten dieser Ingenieursleistungen unterliegen ebenfalls der HOAI (HOAI 2013).

Der AG hat zu entscheiden in welcher Form er diese Fachplanerleistungen beauftragt:

- Einzelbeauftragung über den AG, Angebotseinholung über den Architekten
- Beauftragung über die Bücher des Architekten, d. h. der AG beauftragt den Architekten inkl. der Fachplanerleistungen
- Gesamt Planungsbeauftragung an einen GÜ, d. h. an einen Generalplaner, dieser beauftragt die Fachplaner auf eigene Rechnung

Die Beauftragung über die Bücher des Architekten bzw. des Generalübernehmers oder Generalplaners verschiebt die Haftung auf diese. Meist sind Planungen im Namen des GÜ günstiger, da dieser nicht nach den vollständigen Sätzen der HOAI anbieten. Allerdings plant dann der GÜ nach seinen Qualitäts-Vorstellungen. Der AG als Laie kann dieses oft nicht nachvollziehen und begibt sich somit in Abhängigkeit zum GÜ, da der AG oftmals Vertragslücken nicht erkennt bzw. das Projekt vor Vergabe an den GÜ nicht vollständig definiert war. Veränderungs- und Zusatzwünsche können dann zu Mehrkosten in der Planung und Ausführung führen.

Angebote der Fachplaner nach HOAI werden auf Basis von anrechenbaren Kosten ermittelt. Diese Kosten werden vorab vom Architekten geschätzt auf Basis der DIN 276 (DIN als Grundlage der Projektkosten und zur Honorarberechnung). Bei Einzelbeauftragungen kann es bei Abweichungen der anrechenbaren Kosten nachträglich zu einer Kostenerhöhung dieser Leistungen kommen. Grundsätzlich können Fachplaner nach Leistungsfortschritt beauftragt werden.

Nachfolgende Fachplanerleistungen sollten aus Haftungsgründen i. d. R. immer direkt vom AG beauftragt werden:

- Boden- und Gründungsgutachten
- Bodenrisiken, d. h. Untersuchung auf Altlasten, Bergschäden, Kampfmittel
- Vermessungsleistungen (Einmessung, Höhenaufmaß, Teilungserklärungen etc.)

- Prüfstatiken (in einigen Bundesländern werden diese über das Bauamt beauftragt, Vergütung über den AG)

Der Architekt fragt diese Leistungen für den AG ab und legt diese nach Prüfung und Bewertung zur Beauftragung vor. Auch Versorgeranträge werden vom Architekten oder haustechnischen Planer vorbereitet und dem AG zur Unterschrift vorgelegt.

Aktuelle Themen wir Umweltschutz und digitales Planen schaffen neue Aufgabenfelder. Hierzu zählen auch die Planungen bzw. Gutachten wie:

- Barrierefreiheit-Konzepte
- Umweltschutz, Grünanlagenplanung, Artenschutz und Vogelschlagkonzepte
- BIM-Koordinator und BIM-Manager, kann auch vom Architekten gestellt werden.

3.3   Der Bauantrag

Um die Bautätigkeiten vor Ort zu beginnen ist eine *Baugenehmigung* erforderlich. Zur Erlangung der Genehmigung ist vorab ein Bauantrag auf Basis des geltenden Bauplanungs- und Bauordnungsrechts zu erstellen und einzureichen. Der Bauantrag wird vom Architekten koordiniert, er beteiligt die weiteren Fachplanungen die erforderlich sind, um den Bauantrag vollständig zu erstellen. Die einzureichenden Unterlagen sind mit der Behörde vorab abzustimmen. Der Umfang kann je nach Gebäudetyp und betrieblichen Umständen unterschiedlich sein. Begleitet werden kann der Architekt durch einen Projektverantwortlichen des Bauherrn, also dem Projektmanager des Bauherrn. Der Architekt kann aber auch die Projektleitung im Namen des AG übernehmen falls die Aufgabe dieses erfordert.

Je komplexer das Bauvorhaben, desto aufwendiger ist das Genehmigungsverfahren. Hier sind vorab die öffentlichen Ämter zu beteiligten. Die Koordinierung umfasst auch das Beschaffen von nachbarlichen Zustimmungen, wenn erforderlich. Der Architektenvertrag spricht von einem zu erbringenden „Werk" (d. h. in sich abgeschlossene Leistung, vgl. auch Vertragswerk oder Werkvertrag). Wird die Baugenehmigung trotz Nachbesserung verweigert, steht dem Architekten kein Werklohn oder Honoraranspruch zu. Wer sich als Architekt über die Genehmigungsfähigkeit nicht sicher ist, kann in Absprache mit dem Auftraggeber eine sogenannte Bauvoranfrage (HOAI = Leistungsphase Vorentwurf) bei der Baubehörde einreichen. Hier wird vorab die grundsätzliche Machbarkeit des Bauvorhabens geprüft. Die Voranfrage wie auch der Bauantrag selbst sind gebührenpflichtig.

Mit dem Bauantrag ist in der Regel auch ein „verantwortlicher" Bauleiter im öffentlich-rechtlichen Sinn zu benennen. Hier weichen die Regelungen je nach Bundesland voneinander ab. Die Bauleitung ist nicht vergleichbar mit der Objektüberwachungsaufgabe eines Architekten. Wenn der Architekt diese Bauleitung mit übernehmen soll, ist diese Leistung gem. HOAI über die Aufgaben der Leistungsphase 8 zu beauftragen. In der Regel sucht sich der AG rechtzeitig eine ausführende Firma oder einen Generalunternehmer, der dann den Bauleiter stellt.

Um ein Grundstück zu beplanen und später Bauleistungen preislich abzufragen sind immer vor Planungsbeginn Vermessungspläne (Lage- und Höhenplan) und ein Bodengutachten abzufordern. Es hat sich als nützlich erwiesen die Höhenpunkte im 10 m Raster durchführen zu lassen. Je engmaschiger die Messpunkte, desto genauer kann das Niveau bzw. die Menge der zu bewegenden Erdmassen definiert werden. Der Lageplan ist Bestandteil des Bauantrages, hier werden auch die erforderlich einzuhaltenden Abstände zu Grenzen und Nachbargebäuden dargestellt. In einigen Bundesländern ist der Lageplan durch den Architekten zu erstellen.

Der Baugrund gehört juristisch zum Verantwortungsbereiche des Eigentümers, also des Auftraggebers. Ein Bodengutachten mit einer Gründungsempfehlung des Bodengutachters (bitte immer einfordern!) und ggfs. eine Schadstoffanalyse helfen die Risiken einzugrenzen und monetär zu bewerten.

Für einige Gewerke sind im Rahmen des Baugenehmigungsverfahrens sogenannte eigenständige *Prüfer* zu beauftragen. Diese Regelungen sind je nach Bundesland unterschiedlich. Auch ist die Beauftragung der Prüfer durch die Bundesländer geregelt. Allen gemein ist, dass der Auftraggeber immer die Kosten trägt, egal ob er direkt beauftragt oder die Behörde in seinem Namen beauftragt.

Tipp

Externe Prüfer: Klären Sie vorab die Sachlage. Oftmals können Sie den Prüfer bestimmen oder vorschlagen, das vereinfacht den Genehmigungsvorgang. Bei nicht bekannten Prüfern, die im Namen der Behörde beauftragt wurden, ist eine gute und vollständige Kommunikation unerlässlich, um zeitlich keine Verzögerungen zu verursachen. Ein terminliches Restrisiko bleibt, je nach Kapazität des Prüfers.

3.4 Die Leistungsvergabe

Ohne ausführende Firmen kein Bauvorhaben. Zur *Vergabe* siehe später nachfolgend. Je nach Marktlage und Schwierigkeit der Baumaßnahme ist rechtzeitig, d. h. lange vor Baubeginn, die Leistung zu vergeben oder preislich abzusichern bzw. sind Bauzeitkontingente zeitlich zu sichern. Für einige Gewerke, z. B. eine Sondergründung, gibt es nicht viele Unternehmen, die infrage kommen. Hier kann durch rechtzeitiges Anfragen ein Zeit-Slot und Kosten gesichert werden. Vorverträge sichern diese ab.

Bauträger und Generalübernehmer fragen oft vor endgültiger Preis- bzw. Angebotsabgabe die Hauptgewerke, d. h. die baubestimmenden *preistreibenden* Gewerke wie Erdund Rohbau etc. ab.

Haustechnische Gewerke sind schwer preislich abzusichern ohne Vorlage der Ausführungsplanung. Hier kann nur über Erfahrungswerte bzw. über einen guten TGA-Fachplaner der Preis ab- und eingeschätzt werden.

Sprechen Sie die Zeitschiene der Vergaben und Preisabfragen mit Ihrem Auftraggeber und Fachplanern rechtzeitig ab. So kommt es nicht zu Zeitverschiebungen im Gesamtterminplan.

3.5   Die Planungs- und Ablaufphasen

Die Grundleistungen der Planung und die aufeinander aufbauenden Planungsschritte sind in der HOAI beschrieben. Die Genehmigungsplanung entspricht nach HOAI dem Umfang der Leistungsphasen (LP) 1–4. Die Ausführungsplanung ist die LP 5, Leistungsvergaben LP 6–7 und Bauüberwachung LP 8 (HOAI 2013).

Bauvorhaben laufen vom Prinzip her immer ähnlich ab, hier eine kurze Darstellung des Ablaufs mit Angabe der Leistungsphasen (Quelle Autor):

- AG möchte ein Projekt/Baumaßnahme auslösen.
- Findung der Aufgabe, i. d. R. AG intern.
- Mit Planer, meist Architekt, Bestimmung der Projektgröße > Flächenbedarf. Diese Leistung entspricht der Grundlagenermittlung HOAI LP 1.
- Grundstückssuche/Klärung Fördermaßnahmen etc.
- Vorplanung LP 2: Überprüfung ob Baumaßnahme auf Grundstück passt. Klärung der Bauweise und erste TGA und Energiekonzepte in Abstimmung mit Fachplanern, d. h. spätestens hier sind weitere Fachplanungen zu beauftragen.
- Entwurfsplanung LP 3: Vorstellungen des AG werden immer konkreter: Innenraumaufteilung, Fassade, TGA Konzept etc. Endet mit Freigabe Entwurf durch den AG.
- Wenn Unklarheit zur Genehmigungssicherheit vorliegt > Bauvoranfrage
- Genehmigungsplanung LP 4: Zusammenstellung der Bauantragsunterlagen, hier ist die finale Freigabe durch den Bauherrn unerlässlich als Willenserklärung. Nach neuer LBO sind nachträgliche Änderungen nicht mehr mit einem Nachtrag, d. h. Austausch einzelner Unterlagen, erledigt. Oft ist ein neuer Bauantrag erforderlich, ist mit der Bauhehörde abzuklären. Daher wichtiger Meilenstein in der Planung.
- Zur Baugenehmigung sollte ein erster Prüfbericht der Prüfstatik vorliegen. Vor Baubeginn ist eine abschließende Stellungnahme des Prüfstatikers erforderlich.
- Ausführungsplanung (LP 5), baut auf Planung aus LP 3 und 4 auf, kann parallel zum Genehmigungszeitraum laufen.
- Ausschreibung und Vergabe LP 6–7 > NU finden, läuft i. d. R. parallel zum Genehmigungszeitraum.

- Genehmigungszeit Bauantrag: Diese beträgt nach neuer LBO 2 Monate. Doch oft sind die Bauämter personell unterbesetzt und es kommt zu Verzögerungen. Verzögerungen können auch durch unvollständige Bauanträge entstehen. Dieses ist ärgerlich für den Bauherrn und Planer.
- Baubeginn > *Baubeginn Anzeige (roter Punkt)*. Benennung Bauleiter.
- Liegt keine Baugenehmigung zum gewünschten Baustarttermin vor, kann in Abstimmung mit dem Bauamt eine Teilbaugenehmigung erwirkt werden. Diese beschränkt sich meist auf die Erdbaumaßnahmen und ggfs. erste Gründungsarbeiten.
- Bauausführung LP 8: Bauüberwachung etc.
- Nach Fertigstellung Rohbau ist eine behördliche *Rohbauabnahme* mit dem Prüfstatiker durchzuführen. Der Prüfstatiker führt während der Baumaßnahme Stichproben durch.
- Baufertigstellung: Abnahme (NU Leistung und behördlich)/Übergabe und Einweisung/Nutzung. Eine behördliche Freigabe/Schlussbegehung zur *Inbetriebnahme* ist erforderlich.
- Abnahmen i. d. R. nach *technischer Prüfverordnung* (PrüfVO) der Länder.
- Gutachterliche Stellnahmen sind erforderlich, d. h. für Inbetriebnahme elektrischer und lüftungstechnischer Leistungen. Auch Nachweise für Aufzüge, elektrische Tore und Türen etc. sind erforderlich.
- Wurde eine Brandmelde- oder Löschanlage verbaut, ist eine Abnahme mit der Feuerwehr bzw. dem VDS (bei VDS-Anlagen) erforderlich.
- Inbetriebnahme TGA mit Abnahme, Einstellung und Einregulierung meist über 1 Jahr (Sommer-Winter Periode). Hier vorab klären wer die Kosten trägt, d. h. vereinbaren mit dem NU vor Vergabe etc., Übergabe der Wartungsverträge.
- Dokumentation LP 9: vor SR (Schlussrechnung NU bzw. Fachplaner)
- Mängelbeseitigung
- Gewährleistungszeitraum 2–5 Jahre je nach Bauteil und abhängig ob ein Wartungsvertrag vorliegt
- Vor Ende Gewährleistung Nachbegehung

Um Bauleistungen im Sinne der VOB A (Vergabe- und Vertragsordnung für Bauleistungen, Teil A) genau und umfänglich zu beschreiben, müsste im eigentlichen Sinne die Ausführungsplanung (AF-Planung) vor Vergabe und Baubeginn vorliegen. Bei öffentlichen Bauvorhaben ist dieses oft die Regel, führt aber zu langen Vorlaufzeiten bis zum Baubeginn. Bei privatrechtlichen Bauvorhaben ist dieses nicht die Regel. Oftmals wird die AF-Planung baubegleitend erstellt. Bei übersichtlichen und einfachen Bauvorhaben ist das in Ordnung und beherrschbar. Je komplexer die Bauaufgabe, desto mehr Themen müssen vorab geklärt und abgestimmt werden, und das ist während der Bauphase meist nicht schaffbar. Daher ist es ratsam im Vorfeld einen Planungsterminplan aufzustellen und diesen mit dem gesamten Bauterminplan und den Baubeteiligten abzugleichen. Bei Terminüberschneidungen den AG mitnehmen und beraten. Ansonsten sind Verzögerungen und somit auch Kostensteigerungen aufgrund fehlerhafter oder unvollständiger Planung unausweichlich. Ein Planungsterminplan kann als Terminplan oder als Planungsfreigabeliste geführt werden.

Tipp

Vor Baubeginn die vorliegende Planung prüfen, ggfs. Pläne bzw. Angaben nachfordern. Planlisten helfen bei der Übersicht > siehe unter Werkzeuge (Abschn. 4).
Planabruf rechtzeitig nach Bauterminplan als Planungsvorlauf vornehmen.

3.6 Versicherungen und Bürgschaften im Bauwesen

Wer baut sollte sich versichern bzw. absichern. Es gibt vielfältige Versicherungen im
Bauwesen, die wichtigsten sind die Berufshaftpflichtversicherung und die Bauleistungs-.
versicherung (BauLV). Zusätzlich schützen sonstige Haftpflichtversicherungen (HV),
diese helfen bei Ansprüchen Dritter. Der AG muss eine sogenannte Bauherrenhaftpflicht-
versicherung, bezogen auf das Projekt abschließen. Die Bauleistungsversicherung deckt
für den AG Schäden an der Bauleistung ab. Diese muss er jedoch nur abschließen, wenn
er selbst Leistungen erbringt. Vergibt er diese an einen GÜ weiter, muss dieser diese Versicherung abschließen. Der GÜ muss seinerseits eine Betriebshaftpflichtversicherung
nachweisen.

Es kann im Bauwesen zwischen objektbezogenen Versicherungen, Zeitverträgen
oder objektbezogene Zusatzversicherungen gewählt werden. Bauherren tendieren zu
objektbezogenen Versicherungen, Architekten und Ingenieure zu Zeitverträgen. Objektbezogene Zusatzversicherungen bieten eine Aufstockung der Deckungssumme als Zeit-
vertrag an.

Die Berufshaftpflichtversicherung deckt das Risiko der Berufsausübung für Architekten und Planende ab. Auch neue Planungsmethoden wie BIM sind von der Haft-
pflicht abgedeckt, da sie zum Berufsbild des Architekten oder Planers gehören. Die
Bauleistungsversicherung deckt während der Bauphase Schäden ab, z. B. Feuer, Hoch-
wasser, Setzungsrisse etc. Sie deckt jedoch keine Planungs- oder Ausführungsfehler ab.
Versicherungen für Planer haben i. d. R. eine Haftungsbegrenzung, nach dieser Höhe
richtet sich auch die Prämiengestaltung. Deckungssummen für Bauvorhaben sollten ca.
1,5 Mio. EUR Personenschäden und ca. 250.000 EUR für Sach- und Vermögensschäden
abdecken (Angabe ohne Gewähr, Quelle Autor).

Kommt es zu Haftungsansprüchen, ist umgehend die Versicherung zu informieren,
beachten Sie die Angaben zur Meldepflicht je nach Versicherungsinstitut. Prüfen Sie das
Vorliegen der erforderlichen Versicherungen bei Vertragsabschluss. Meist ist die Angabe
der Versicherung im Werkvertrag gesondert dargestellt und ist von den Beteiligten anzugeben.

Die Versicherungen sind mit definierter Laufzeit aufzustellen. Die Bauleistungsversicherung endet i. d. R. mit Übergabe und Nutzung des Bauvorhabens.

Bei Vertragsabschluss kann als Absicherung der Leistung des AN der AG eine Vertrags-
erfüllungsbürgschaft verlangen (BGB § 631 ff.). Diese wird auch Erfüllungsbürgschaft

genannt. Sie dient als Sicherstellung, dass der AN die Leistung ausführt. Stellt der AN trotz vertraglicher Vereinbarung diese Sicherung nicht, kann der AG diese von den Abschlagsrechnungen abziehen. Nach Abnahme ist diese zurückzugeben sofern sie nicht gleichzeitig als Gewährleistungsbürgschaft dient. Der AN kann seinerseits eine Erfüllungsbürgschaft in Höhe von 10 % vom Bauherren verlangen.

In der Regel werden in Bauverträgen Abschlagrechnungen nur bis 90 % ausbezahlt, der sog. Bareinbehalt dient als AG Sicherheit. Der NU kann über eine Bürgschaft, die auch eine Gewährleistungsbürgschaft (i. d. R. 5 % der Herstellkosten) sein kann, die Rest-Auszahlung vereinbaren. Dieses ist eine Art der Versicherung für den AG, da Mängelansprüche nach Abnahme mit dieser Summe abgedeckt werden können, wenn der NU nicht nachbessern möchte. Für Nachunternehmer ist darauf zu achten, dass diese auf 5 Jahre begrenzt ist.

3.7 Der Baubeginn vor Ort

Vor dem eigentlichen ersten Spatenstich (Baubeginn) sind noch einige Aufgaben zu erledigen:

- Dokumentation des Baufelds und der IST-Situation. Insbesondere der öffentliche Straßenraum und die Nachbarbebauung ist zu dokumentieren, um Verschmutzungen und Baufolgeschäden, z. B. Rissbildungen in Bestandsgebäuden, nachweisen zu können. Bei GU-Aufträgen erfolgt i. d. R. eine Kostenteilung zwischen dem AG und dem GU. Kann vertraglich frei geregelt werden.
- Klärung wer richtet die Baustelle ein. Ist die Leistung ausgeschrieben worden als Bestandteil der Erd- und Rohbauarbeiten oder ist die Leistung separat anzufragen.
- Zuleitung und Anschluss Baustrom und -wasser abklären (hier fallen Kosten an!). Die Entnahme ist mit geeichten Zählern zu dokumentieren. Die erste Ablesung sollte immer mit dem Versorger und dem Bauherrnvertreter erfolgen. I.d.R. werden die Verbrauchskosten von den Nachunternehmern oder dem GU getragen.
- *Baustelleneinrichtungsplan* erstellen. Wo steht was etc.? Klärung der Zufahrt, Entladesituationen, Kranstandort, Containerdorf für Bauleitung, Aufenthaltsräume und Sanitäranlagen.
- Die Lage der Sanitäranlagen (meist in Containerform) entscheidet über die Schmutzwasserableitung während der Bauphase. Ist kein öffentlicher Kanal zu erreichen, sind Fäkalientanks unter oder neben dem Sanitärcontainer zu installieren, die regelmäßig abgepumpt werden müssen.
- Montagehilfen, hierunter versteht man Kräne. Diese können fest installiert sein wie der *Drehturmkran* oder je nach Montagefortschritt nur zeitlich begrenzt vorhanden sein wie der *Mobilkran*. Für kleinere Lasten gibt es sogenannte Portal- oder Montagehilfen Kräne, die räumlich sehr begrenzt sind und z. B. bei Maurerarbeiten unterstützen können. Rechtzeitig über die notwendige Kranform entscheiden,

da ein Turmdrehkran einen Schwenkradius hat, der beachtet werden muss und die Montage vorab räumlich abgestimmt werden muss (meist Durchfahrt für Kran-Anlieferfahrzeuge erforderlich).

- *Bauschild*: Hier ist zu unterscheiden zwischen Baustellenschild und Bauschild (auch Bautafel). Das *Baustellenschild* ist der Aushang der Baugenehmigung, dieses ist im Format DIN A4 und wird meist sichtbar im Fenster des Bauleiter-Containers ausgehängt. Das Baustellenschild hat mittig einen roten Punkt für genehmigungspflichtige Bauvorhaben und einen grünen Punkt für genehmigungsfreie und nur anzeigepflichtige Bauleistungen (NRW Regelung, je nach Bundesland verschieden).

  Das Bauschild wird meist an der Baustellengrenze zum öffentlichen Raum aufgestellt und gibt Auskunft über das Projekt, den Bauherren und meist auch über die Planungsbeteiligten. Oft wird eine perspektivische Darstellung des zukünftigen Projektes darauf dargestellt. Gegen Vergütung lassen viele Auftraggeber auch Firmenschilder bzw. die Nennung von beteiligten Ausführungsfirmen auf dem Bauschild zu. Die Lage und Größe ist oftmals mit der Stadt abzuklären. Eine Beleuchtung nachts ist möglich.

- Klärung ob *Sicherungsmaßnahmen* Nachbar- bzw. Bestandsbebauung erforderlich sind.

- Beachten Sie, dass der öffentliche Straßenraum gereinigt werden muss, d. h. außerhalb des Baufeldes. Diese Leistung wird i. d. R. im LV Erdarbeiten angefragt und vergeben.

- Baustellenbewachung klären. Wird immer öfter ausgeführt und vereinbart. Kosten bei Einzelbeauftragung als separates Gewerk, d. h. Kostenübernahme durch den AG. Bei GU-Verträgen obliegen die Kosten dem GU.

Tipp

Lassen Sie sich als Architekt oder GU immer das Bauschild vom Auftraggeber freigeben. So vermeiden Sie Diskussionen und nachträgliche kostenpflichtige Änderungen.

Literatur

BauGB, Baugesetzbuch.
DIN 276, DIN zur Ermittlung der Projektkosten und Grundlage der Honorarberechnung, 2018.
HOAI 2013.
VOB, Vergabe- und Vertragsordnung für Bauleistungen, 2002.

Organisation und Werkzeuge

4

Die Steuerung von Bauvorhaben besteht aus vier Haupt-Bausteinen

- Rechtsvorschriften
- Methoden und Verfahren > Werkzeuge
- Führung von Menschen > Psychologie und die richtige Ansprache
- (Bau-)Wissen, wer baut muss wissen wie man baut (Konstruktion) und was für Eigenschaften welche Baustoffe haben und wie diese eingesetzt werden

Strukturiertes Arbeiten hat mit dem Einsatz der richtigen Werkzeuge und Hilfsmittel zu tun. Diese helfen die richtigen Schritte zu erkennen und das Ergebnis zu dokumentieren. In komplexen Bauvorhaben wird viel diskutiert und entschieden, daher immer das Ergebnis (schriftlich) festhalten, damit die gemeinsamen Ziele definiert sind.

Aber bedenken Sie, ein Werkzeug oder Hilfsmittel ist immer nur so gut wie es von uns gepflegt wird. Daher ist hier Disziplin gefordert. Gehen Sie voran und geben Sie die Werkzeuge vor und pflegen diese auch größtenteils selbst. Wer die Ergebnisprotokoll oder –listen schreibt, kann Einfluss auf die Formulierung und Ausgestaltung der Ergebnisse nehmen. Hierzu mehr in „Der Umgang im Projekt"

Ein Zuviel an Werkzeugen hilft jedoch auch nicht immer weiter. Eine Woche hat nur 5 Arbeitstage und ein Tag nur 8 Stunden. Die richtigen und passenden Werkzeuge zu finden ist eine wichtige Aufgabe und kann wesentlich zum Projekterfolg beitragen.

© Der/die Herausgeber bzw. der/die Autor(en), exklusiv lizenziert durch Springer
Fachmedien Wiesbaden GmbH, ein Teil von Springer Nature 2020
S. Schirmer, *Bau-Projektmanagement für Einsteiger*,
https://doi.org/10.1007/978-3-658-30844-5_4

4.1   Rechtsvorschriften und Normen

In Deutschland hat man den Eindruck, dass alles genormt und rechtlich bewertet ist. Das ist nicht unrichtig. Eine Fülle von Rechtsvorschriften und Normen bestimmen unser Tun und Leben,. Dabei kann man leicht den Überblick verlieren, Daher folgt hier eine kurze Zusammenfassung der wichtigsten Verordnungen und Normen (ohne Anspruch auf Vollständigkeit). In der Rangfolge gibt es die nachfolgende Abstufung (von oben nach unten):

- Europagesetz über nationales Gesetz, i. d. R. werden EU-Gesetzt in deutsches Recht übernommen
- Vorordnungen
- Erlasse (Weisungen)
- Normen, Richtlinien, Regeln (z. B. allg. anerkannte Regeln der Technik)

Recht wird hierzulande in *öffentliches Recht* und *Privatrecht* unterteilt. Zum öffentlichen Recht zählt auch das Sozialrecht (Unfallversicherungsgesetzt etc.), das Arbeitsrecht (GewerbeO, ArbeitsstättenVO etc.) und das Umweltschutzrecht (BimSchG, WasserhaltsG etc.). Diese betreffen u. a. auch Planungsprozesse. Doch das wichtigste öffentliche Recht ist das Baurecht, also Bauplanungsrecht, Bauordnungsrecht und sonstige Gesetze, Verordnungen und Richtlinien.

Wichtig für uns als Personen ist das Privatrecht, insbesondere der **BGB**, *Bürgerliches Gesetzbuch*. Hier werden u. a. Vergaben, Verträge, Gewährleistungen etc. behandelt (BGB Bürgerliches Gesetzbuch, Fassung 21. Dezember 2019)

Das Baurecht ist für das Projektmanagement genauer zu betrachten. Baurecht wird abgestuft betrachtet, d. h. von der Bundesebene über die Landesebene zur Stadt- und Gemeindeebene. Es gilt: Bundesrecht vor Stadtrecht.

Das Baurecht ist definiert im **BauGB** (Baugesetzbuch) und wird auf Landesebene umgesetzt in der **LBO** (Landesbauordnung der Länder, z. B. BauO NRW, [Nordrhein-Westfalen]) sowie diversen Unterverordnungen, wie Sonderbauverordnung, Garagenverordnung etc.

Die Vorgaben der LBO können je nach Bundesland unterschiedlich ausfallen.

Um Erleichterungen im Industriebau zu zulassen, gilt parallel zur LBO die **Industriebaurichtlinie** (IndBauRL). Basis für die Länder ist die Musterindustriebaurichtlinie (MIndBauRL, 2019).

Der **B-Plan** (Bebauungsplan) als Planungsgrundlage mit Angaben zum Baurecht (Art der Nutzung, Höhenentwicklung, Flächenausnutzung etc.) für das Bau-Grundstück wird von der Stadt bzw. Gemeinde erstellt.

Das Baurecht bezieht sich auf bauliche Anlagen und Bauprodukte. Dieses wird ergänzt durch techn. Vorschriften und Verordnungen (z. B. LBO), Richtlinien, Normungen (DIN-Normen, ISO Normen, VOB/C) und Einzelnachweise (Zulassungen, Prüfzeugnisse, Merkblätter und techn. Hinweise). Diese Einzelnachweise werden auch als „anerkannte Regeln der Technik" bezeichnet.

Vorschriften und Richtlinien können auch von Instituten, Kammern und Verbänden herausgegeben werden.

Die **VOB** (*Vergabe- und Vertragsordnung für Bauleistungen,* Bezeichnung seit 2002) ist eine sogenannte Verdingungsordnung (alte Bezeichnung *Verdingungsordnung für Bauleistungen*). Bauen hat immer einen zeitlichen Aspekt und viele Baubeteiligte. Daher hat man im Bauwesen die Vorgaben des BGB ergänzt bzw. erweitert mit der VOB, Teile A, B und C. Diese ist jedoch kein Gesetz und ist daher immer separat zu vereinbaren, um Gültigkeit zu erlangen. Das hat für alle Beteiligte Vorteile, so nimmt die VOB/B Bezug auf:

- Gewährleistung, beträgt 4 Jahre (Bauwerke) wenn nicht anders Vereinbart, kann verlängert werden auf 5 Jahre (VOB § 13.4.1). Gewährleistung gemäß BGB 2 Jahre, bei einem Bauwerk 5 Jahre (BGB § 634a 1, Satz 1–2)
- Zwischenzahlungen sind erlaubt, wichtig bei langen Bauzeiten (VOB/B, § 16.1.1). Im BGB gibt es nur eine Schlusszahlung und auch nur wenn die Leistung mängelfrei ist (BGB § 641 Abs. 1–2 und BGB § 650g, Abs. 4).
- Zahlungsfristen
- Mitwirkungspflichten und Rechte der Baubeteiligten
- und vieles mehr.

Wichtig: Bei Veränderungen der VOB/B immer einen Bauanwalt hinzuziehen, der die Wirksamkeit der Klauseln bestätigt bzw. prüft. Nicht zugelassene Veränderungen bzw. sittenwidrige Formulierungen sind das Papier nicht wert.

Bei öffentlichen Aufträgen sind immer alle Teile der VOB (A-C) zu vereinbaren, bei privaten Auftragsvergaben werden nur die Teile B und C vereinbart. Der Architekt hat eine Aufklärungspflicht gegenüber dem AG über den Inhalt der VOB und seine Auswirkungen hinsichtlich des BGB. Daher ist immer eine Kopie der VOB/B als sogenanntes „Kleingedrucktes" dem AG zu übergeben. Zur VOB/C siehe auch nachfolgend unter DIN-Normen.

Die **VOL** (*Verdingungsordnung für Leistungen*) regelt die Vergabe von Bau-, Liefer- und Dienstleistungen nach EU-Recht, d. h. öffentlichem Recht. Sie gilt für öffentliche Vergaben unterhalb des Schwellenwertes. Die VOL ist in zwei Teile VOL/A und VOL/B gegliedert. Hier ist auch die UVgO (*Unterschwellenvergabeverordnung* 2016) zu beachten. Oberhalb des Schwellenwertes gilt das Vergaberechtsmodernisierungsgesetzt *2016*, die VgV (*Vergabeverordnung*).

Energetische Belange im Bauen werden zurzeit mit der **EnEV** (*Energieeinsparverordnung,* 2016) und ab Oktober 2020 mit dem **GEG** (*Gebäudeenergiegesetz,* 2020) geregelt. Jedes Bauvorhaben muss diesen Nachweis führen und die Vorgaben erfüllen. Bessere Standards, z. B. Energiestandard nach KfW 55, d. h. 45 % besser als nach EnEV/GEG, können vom AG gewünscht werden. Im Rahmen der energetischen Bearbeitung wird auch die Nutzung der regenerativen Energien, *Erneuerbare-Energie-Wärmegesetz* (alt EE-WärmeG), und der *sommerliche Wärmeschutz* (alt EnEV § 3, Abs. 4), betrachtet. Diese sind im GEG zusammengefasst worden.

Ganz wichtig bei der Planung von Nichtwohnungsgebäuden ist die **ArbStättV** (Arbeitsstättenverordnung). Ergänzend hierzu ist die **ASR** (Arbeitsstättenrichtlinien) zu beachten.

Das **BauPG** (Bauproduktengesetz) regelt die Nutzbarkeit der Baustoffe und Bauprodukte. Neben den deutschen Normen werden auch EU-weite Anforderungen berücksichtigt. Erkennungszeichen ist das *CE-Zeichen*. Nur Produkte mit dieser Kennzeichnung dürfen verbaut werden. Hier ist zu beachten, dass oft Produkte nur mit bestimmten Eigenschaften bzw. ergänzenden Bauteilen geprüft werden. Bei Abweichungen erlischt die Zulassung und es handelt sich somit um einen Mangel > fehlende zugesicherte Eigenschaft. Ein teurer Rückbau ist dann die Folge.

Tipp

Nichts darf in Deutschland ohne Zulassung gebaut werden, daher immer die gültigen Zulassungen abfragen und prüfen, insbesondere wenn es um brandschutztechnische Belange geht, z. B. Zulassung und Einbaufall für Lüftungs-Brandschutzklappen oder den Verschluss von Durchbrüchen etc. Die Zulassungen sind zu dokumentieren und zu sammeln.

Nicht zu vergessen ist die **BaustellV** *(Baustellenverordnung)*, diese regelt die Sicherheit und den Gesundheitsschutz auf Baustellen. Ein zugelassener Koordinator, genannt SiGeKo *(Sicherheits- und Gesundheitskoordinator)* ist vom AG zu beauftragen, der diese Leistungen abstimmt und überprüft. Diese Leistung kann auch durch einen GU übernommen werden.

Die Behörde wird bei Abnahme von Bauwerken i. d. R. auf die **TPrüfVO** (Technische Prüfverordnung) verweisen. Vor Inbetriebnahme müssen technische Anlagen auf Funktionstauglichkeit und Betriebssicherheit geprüft werden. Diese Prüfungen sind durch staatlich anerkannte Sachverständige durchzuführen und zu bestätigen > Gutachter. Diese Überprüfung hat auch Auswirkungen auf die Terminplanung. Prüfungen sind rechtzeitig und mit Vorlauf anzusetzen > Abnahmefähigkeit des Objektes.

HOAI, Honorarordnung für Architekten und Ingenieure (HOAI 2013). In der HOAI werden die Leistungsbilder für die Planung dargestellt. Es muss hier darauf hingewiesen werden, dass mit dem EuGH Urteil vom 04.07.2019 das verbindliche Preisrecht der HOAI für europarechtswidrig erklärt wurde (EuGH, Rechtssache C-377/17). Damit ist aber nicht die ganze HOAI unwirksam, sondern nur die Preisbildung und dort im Besonderen im Hinblick auf die Mindest- und Höchstsätze ist derzeit infrage gestellt. Bis zu einer endgültigen Entscheidung bzw. Neufassung der HOAI wird die bekannte Preisbildung weiterhin angewendet, allerdings ist bei Abweichung eine juristische Nachverfolgung schwierig. Die Entwicklung zum Preisrecht der HOAI ist daher weiter zu verfolgen.

DIN-Normen werden vom Deutschen Institut für Normung e. V. staatlich unabhängig als Grundlage für Normung und Standardisierung erstellt. Lt. DIN-Webseite ist eine

Norm ein Dokument, das Anforderungen an Produkte, Dienstleistungen oder Verfahren festlegt und somit Klarheit über deren Eigenschaften schafft. In der VOB/C (siehe auch unter VOB) sind die *Allgemeinen Technischen Vertragsbedingungen* (ATV DIN 18299) der DIN-Normen übernommen worden, d. h. die VOB/C übernimmt die DIN-Normungen zum Baurecht geordnet nach Gewerken.

Hervorzuheben ist die **DIN 276** (DIN 276, 2018), diese dient der Ermittlung der Projektkosten und ist Grundlage der Honorarberechnung nach HOAI (anrechenbare Kosten). In der DIN sind die Begriffe *Kostenrahmen, Kostenschätzung, Kostenberechnung* und *Kostenfestlegung* definiert. Die Kosten werden nach *Kostengruppen* gegliedert, die wichtigsten Kostengruppen sind:

- 300 Bauwerk und Baukonstruktion > Gebäude
- 400 Bauwerk und Technische Anlagen > Haustechnische Ausstattung
- 500 Außenanlagen und Freiflächen > Außenanlagen (AAL)
- 700 Baunebenkosten, hier Objekt- und Fachplanung

Eine weitere wichtige Norm ist die **DIN 18202**, Toleranzen im Hochbau. Im Bauwesen kommt es aufgrund der unterschiedlichen Materialien und Gewerke oft zu Maßabweichungen. Diese werden auf Basis der DIN 18202 bewertet. Diese Norm gilt immer, vorausgesetzt es werden keine anderen Genauigkeiten vereinbart.

Es gibt noch zahlreiche weitere Gesetze, Normen und Richtlinien, auf die in diesem Einstiegswerk nicht eingegangen wird. Gesetze und Vorschriften ändern sich auch von Zeit zu Zeit. Daher ist es ratsam sich diesbezüglich immer fortzubilden.

Auch die anderen beteiligten Fachingenieure haben die Verpflichtung Sie als Projektmanager bei Ihrer Aufgabe zu unterstützen und ggfs. auf geltende Vorschriften und Normen hinzuweisen. Insbesondere der Architekt und der Tragwerksplaner können ihre Leistung bzw. Hinweispflicht nicht auf Sie abwälzen. Und viele Themen im Baurecht tangieren die Planung und somit den Architekten.

4.2 Werkzeuge

Bauvorgänge erfordern und verursachen eine große Menge von Daten und Dokumenten. In diesem Kapitel wollen wir uns mit den Werkzeugen zur Organisation der Projektabläufe beschäftigen. Die wichtigsten Werkzeuge (als Werkzeuggruppen, Quelle Autor) im Überblick:

1. Projekt-Organigramm: wer ist zuständig für was? Ist auch als Rollenklärung zu verstehen.
2. Projekt-Struktur: Kommunikation, wer hat sich mit wem abzustimmen? Wer erteilt die Freigaben?
3. Projektbeteiligten-Liste: Bauherr, Fachplaner, Behörden, Gutachten, NU etc.,

ist ständig aktuell zu halten.

4. Protokollwesen: Protokollkreise festlegen, z. B. Bauherrenprotokoll, Aktenvermerke, Gesprächsnotizen, Fachplaner etc.

5. Termine: hier als Jour-Fixe, d. h. wann sitzt wer mit wem regelmäßig zusammen?.

6. Dokumentationen: in Protokollform, Projektbericht für den AG, Baustellen berichte, Bautagesberichte etc. Besonders wichtig sind Nachweise, z. B. was ist verbaut, hat die Brandschutzklappe eine Zulassung? etc.

7. Planliste: Wer ohne Pläne baut, baut planlos. Welche Pläne gibt es, welche sind aktuell, wer hat diese freigegeben? etc. Hier sind Planlisten zu führen mit Angabe des Status.

8. Kostenmanagement: Kostensteuerung, Kostenberichte, Budget, Kostenabgleich etc.

9. Terminmanagement: Projektfahrplan, Baustellenterminplan etc.

10. Kapazitäten Planung: Planung der Planung > Fachplaner, oder Taktung auf der Baustelle etc.

11. Änderungsmanagement: Wer hat was wann geändert? Aufzeigen der Auswirkungen, z. B. terminlich oder im Hinblick auf die Kosten.

12. Vertragsmanagement: Vertrags- und Vergabeformen rechtzeitig festlegen im Projekt und mit dem AG abstimmen. Wer darf wen beauftragen? Verträge und Nebenbestimmungen als Grundlage vorbereiten für Vergaben.

13. Checklisten: Planungs- oder Gewerkechecklisten mit Hinweisen über die wichtigsten Punkte zur Umsetzung bzw. Ausführung. Hierzu zählen auch die To-do Listen (Fragensammlung bzw. Liste offener Punkte).

Die Zielbestimmung oder -dokumentation habe ich nicht in der Liste aufgenommen. Das ist kein Werkzeug, sondern ein Fakt. Diese ist in Protokollform gemeinsam mit dem Bauherrn und nachfolgend mit den Fachplanern vorab zu definieren. Ich bezeichne das auch als die „Strategie" im Projekt. Oftmals hat der Bauherr übergeordnete Ziele, die Sie nicht kennen können, daher der Abgleich. Oftmals stehen Ziele im Konflikt miteinander, z. B. Projektkosten versus kostentreibende Architektur. Auch haben unterschiedliche Interessengruppen unterschiedliche Ziele vor Augen. Ziele sind daher klar zu definieren, um Missverständnisse und nachträgliche Enttäuschungen zu vermeiden.

Im sogenannten „digitalen" Zeitalter ist eine Nutzung der beschriebenen einzelnen Werkzeuge deutlich einfacher geworden. Pläne und Dokumente können mit *Merkzetteln* oder *Kommentaren* versehen werden, so ist ein Papierausdruck für Korrekturen oder Freigaben oftmals nicht mehr erforderlich.

Auch Baustellenzustände oder Mängel können per Digitalfoto nebst Text direkt am Computer bearbeitet und versendet werden.

Aber die Digitale-Welt hat auch ihre Schattenseiten. Wo vor einiger Zeit ein einfaches Fax reichte, werden heute viele Emails versendet; und diese werden auch noch an unzählige Projektbeteiligte in „CC" verteilt. Wo viele Emails und Beteiligte sind kann es leicht passieren, dass sich der eine auf den anderen verlässt. So bearbeitet am Ende niemand den Vorgang und die Sache geht schief oder wird liegen gelassen. Daher: Beteiligte mit festen Zuständigkeiten versehen und gezielt ansprechen bzw. anmailen (s. Projektorganigramm und -struktur). Eine wöchentliche Nachfrage sichert den Prozess ab, diese kann auch im Rahmen der Planungs- und Baubesprechungen erfolgen.

Um der Flut und Vielzahl der Dokumente und Unterlagen Herr zu werden, ist eine Digitale-Projektstruktur unerlässlich.

> **TIPP**
>
> Legen Sie sich einen Ordner mit „guten" Werkzeugen und Textvorlagen als Vorlagenkoffer zu. Hier können Sie Unterlagen, die Ihnen brauchbar erscheinen oder die gut funktioniert haben, ablegen. So können Sie zukünftig bei der Erstellung von Werkzeugen sogar federführend mitwirken oder diese für Ihre Bedürfnisse anpassen.

Nachfolgende möchte ich einige Werkzeuge vorstellen. Zunächst möchte ich darstellen wie ein **Protokoll** beispielhaft aussehen könnte (Werkzeuggruppe 4), Abb. 4.1:

Am Anfang Ihres Berufslebens werden Sie oft auf sogenannte **Checklisten** zurückreifen. Diese können vorgefertigt, z. B. WEKA-Verlag oder vom Arbeitgeber selbst erstellt sein, oder Sie schreiben sich Ihre eigenen Checklisten. Was beinhaltet eine Checkliste, hier zum Thema Erdbau > Baugrube und Gründung (Quelle Autor):

1. Aufgabe: – Klärung der Aufgabe
   – Projektbeteiligte
   – Termine
   – Kostenrahmen
2. Gründungsarten: – Flachgründung oder Sondergründung
   – Pfahlgründung oder Rüttelstopfverdichtung
   – Brunnengründung
   – Gründungswannen
   – Verbau, etc.
3. Enthaltende Leistungen: – Baustelleneinrichtung, z. B. Lager, Zufahrt Schwergerät
   – Erdarbeiten, wie Vegetation und MUBO entfernen etc.
   – Baugrubenaushub > Ebene Leistungsbeginn festlegen
   – Wasserhaltungsmaßnahmen
   – Baugrubenumschließung
   – Altlastenentsorgung
   – Baufeldvorbereitung, Baustraßen, Belastbarkeit etc.
   – Beton- und Stahlbetonarbeiten
   – Abdichtungsarbeiten

Abb. 3, beispielhafter Aufbau eines Bauherrenprotokolls:

Angabe:	Projekt-Name / ggfs. Projektnummer
Besprechungstyp:	Bauherren-Jour-Fix
Nr.:	1 bis [...]
Datum, Uhrzeit:	12.06.2018, 16.00 – 17.00 Uhr
Ort:	Aachen, Besprechungsraum [...]
Erstellt am:	12.06.2018, von Herrn / Frau [...]
Teilnehmer:	Name / Firma / ggfs. Funktion
Verteiler:	wir vor oder zusätzlich an [...]
Inhaltsverzeichnis:	Punkte 1-9, nicht zwingend erforderlich
Vorbemerkungen:	Widerspruchsrecht oder Protokoll gilt als akzeptiert.
Textkonserve:	„Das Protokoll gibt das Verständnis des Verfassers wieder. Sollten Widersprüche oder Anders lautende Darlegungen zu einem Einspruch, einer Richtigstellung oder einer Ergänzung Anlass geben, sind diese dem Verfasser schriftlich mitzuteilen. Sollten in unmittelbarer Folgezeit (3 Werktage) keine derartigen Hinweise kommen, so hat das Protokoll inhaltlich Bestand und Gültigkeit."

Überschriften / Protokollpunkte:

    1. Allgemeines
        1.1 Nächster Termin   am 19.06.2018
        1.2 Urlaube
    2. Projektteam (z.B. Generalunternehmer)
        2.1 Stand im Projekt   Zuständig Herr [...]
        2.2 Planung   zu erledigen bis [...]
    3. Auftraggeber (Termine, Entscheidungen, Kosten etc.)
    4. Nutzer / Mieter (Belange die das Projekt beeinflussen)
    5. Fachplaner (Planungsstand, offene Aufgaben etc.)
    6. Nachunternehmer (Vergabe an nach Gewerken etc.)
    7. Behörden (Stand der Dinge, Einbindung AG)
    8. Versorger (öffentliche Versorger: Gas, Wasser, Strom, Telefon etc.)
    9. Sonstiges

Tipp: immer Zuständigkeiten zuordnen, wenn Termin erforderlich, dann angeben. Punkte, die erledigt sind, fallen im übernächsten Protokoll raus. Erlediget Punkte kennzeichnen und freimelden.

Abb. 4.1 beispielhaftes Bauherrenprotokoll

4. Bauvorgaben/Planung: – Fachplaner beauftragen/Beauftragung prüfen
   – Bestands- und Leitungspläne > Auskünfte einholen
   – Boden- und Gründungsgutachten
   – Bodenklassen nach LAGA bestimmen
   – Altlastenüberprüfung Boden
   – Grundwasserspiegel bestimmen
   – Statische Berechnung für Gründung etc.
   – Kampfmittelräumdienstfreigabe einholen
   – Vermesserplan
   – Prüfstatik > liegt vor ja/nein
   – Baugenehmigung ja/nein
   – Ausführende Firmen (Vergabe/Beauftragung)
5. Auf der Baustelle: – Vermesser, Einmessen Achsen und Höhen

- Höhenpunkt und Achsen sichern > Baufirma
- Bodengutachter für Baubegleitung
- Vorh. Leitungen einmessen/markieren
- Bestandsaufnahme (inkl. Nachbarbebauung)
- Baustelle sichern > Einzäunen
- Zufahrt herstellen > Bürgersteig sichern/absenken
- Rampe Baugrube
- Be- und Entladestellen
- Lagerplatz/Platz für Erdmieten
- Ausführungspläne sichten/anfordern (rechtzeitig)
- SiGe-Plan/SiGeKo einbeziehen
- Sanitäre Einrichtungen und Pausenraum
- Besprechungscontainer inkl. Strom/Telefon
- Firmen einweisen/Arbeitsbescheinigungen überprüfen
- Termin abstimmen
- Besprechungen und Bautagebuch

6. Arbeitskontrollen: – Überprüfungen und Abnahmen abstimmen
   - Zulassung Baustoffe prüfen
   - Ausführung auf Übereinstimmung prüfen
   - Wer prüft was klären

7. Abnahmen: – Unterlagen rechtzeitig zusammenstellen
   - Revisionspläne
   - Materiallisten
   - Zwischenabnahmeprotokolle Statiker, Bodengutachter
   - Abnahme Termine festlegen
   - Teilnehmer bestimmen
   - Abnahme- bzw. Übergabeprotokoll anfertigen
   - Übergabe an wen? > AG oder Folgeunternehmer

Diese exemplarische Checkliste hat keinen Anspruch auf Vollständigkeit. Auch hier lohnt es sich seine eigenen Vorlieben und Arbeitsweisen herauszuarbeiten. Diese Art von Abfolge- Listen können Sie für jeden Planungs- und Ausführungsablauf zusammenstellen.

4.3 Musterredewendungen/Textbausteine

Zu den Werkzeugen gehören sowohl Musterunterlagen als auch Musterformulierungen. Der Umgang im Projekt und der Beteiligten untereinander bedarf auch einer „wohlfeilen" Sprache, d. h. die richtige Sprache und Sprachgebrauch macht den Umgang miteinander einfacher und angenehmer. Wer fordert erhält meist Gegenwehr, wer bittet dem wird oft geholfen. Also fordern Sie mit einer höfflichen Bitte.

Viele Menschen tun sich schwer die richtigen Worte bei schriftlichen Mitteilungen zu finden. Daher hier einige Beispiele, damit Ihnen das Arbeiten leichter fällt.

Bitte beachten Sie, dass im Briefkopf immer der Betreff und die genaue Bezeichnung, bei Mängeln zusätzlich die genaue Lage, anzugeben sind. Ein Verweis auf etwaige VOB Paragrafen für Termin- oder Mängelrügen ist nicht erforderlich, da die Verträge i. d. R. VOB Verträge sind. Wichtige Schreiben, wie Fristsetzungen, Kündigungsandrohungen etc. sind als Einschreiben, zumindest als Einwurf-Einschreiben, zu versenden. Emails sind heute rechtliche anerkannt, aber sicher ist sicher. Nachfolgend einige Textbausteine für den Umgang im Projekt:

1. **Satzeinleitungen**
   - „Bezugnehmend auf Ihr Schreiben vom […] möchten wir wie folgt Stellung nehmen […]."
   - „Bezugnehmend auf Ihr Schreiben vom […] betreffend Ihrer […] teilen wir Ihnen der Ordnung halber mit, dass […]."
   - „Unter Bezugnahme auf unser/Ihr Schreiben vom […], halten wir fest, dass […]."
   - „Trotz mehrfacher Aufforderung unserseits wurde […]."
   - „Bezüglich […]."
   - „Es wird darauf hingewiesen, dass […]."
   - „wir halten grundsätzlich fest, dass […]."
   - „Zum Besprechungsprotokoll vom […] nehmen wir wie folgt Stellung: […]"
   - „In der Anlage übersenden wir Ihnen […]"
   - „In Beantwortung Ihrer E-Mail vom […], gerichtet an die Fa./Herrn, betreffend […] halten wir fest: […]."

2. **Schlusssätze**
   - „Sollten Sie Rückfragen haben, bitte sprechen Sie uns an."
   - „Mit der Bitte um rasche/kurzfristige Entscheidung Ihrerseits in Hinblick auf eine termingerechte Fertigstellung verbleiben wir […]." (meist an Bauherrn)
   - „Mit der Bitte um eine kurzfristige Rückinformation Ihrerseits/aus Ihrem Hause …"

3. **Planerstellung und Freigabe**
   - „Betreffend Ihre E-Mail vom […] erlauben wir uns Sie darauf aufmerksam zu machen, dass es in Ihrer Verantwortung liegt die Pläne rechtzeitig zu erstellen und eine entsprechende Freigabe durch das Büro […] zu erwirken. Verzögerungen mit der Begründung, dass die Freigabe seitens des/der […] ausständig ist, können und werden wir nicht akzeptieren. Wir ersuchen Sie im Sinne des Baufortschritts dafür Sorge zu tragen, dass sämtliche Punkte rechtzeitig mit dem Büro […] abgeklärt werden."
   - „Wir möchten Sie nochmals darauf hinweisen, dass der Planungsvorlauf 2 Wochen beträgt und Sie, sollten Detailangaben fehlen, diese rechtzeitig anzufordern haben."
   - „Durch die zu späten Planlieferungen kam es jedenfalls bis dato zu keinen Verzögerungen, sondern vielmehr durch die nicht ordnungsgemäße und unsorgfältige Arbeitsweise der Fa. […], siehe hierzu Schriftverkehr/Mängelanzeigen."

- „Sollten Unterschriften zur Freigabe der Bauherrenschaft erforderlich sein, bitte wir Sie, die entsprechenden Unterlagen der Bauherrenschaft rechtzeitig zu übermitteln."

4. **Nachträge**
   - „Bezugnehmend auf Ihr Nachtragsangebot Nr. […] vom […] teilen wir Ihnen mit, dass unsere Preisprüfung ergeben hat, dass die Einheitspreise und Stundenansätze weit überhöht sind und nicht den marktüblichen Preisen entsprechen. Wir bitten um Neuaufstellung."
   - „Bezugnehmed auf Ihr Nachtragsangebot Nr. […] vom […] teilen wir Ihnen mit, dass Ihre Auflistung der einzelnen Positionen unvollständig und nicht nachvollziehbar ist."
   - „Wir bitten Sie bezüglich oben genannter Punkte erneut ein aufgeschlüsseltes Nachtragsangebot zu stellen."
   - „Zu dem von Ihnen übermittelten Nachtragskostenvoranschlag Nr. […] vom […] brachte die preisliche und inhaltliche Überprüfung folgendes Ergebnis:
     - Der angebotene Einheitspreis von […] ist weit überhöht, da […].
     - Im Vergleich zu Pos. […] ist nur ein Einheitspreis von […] gerechtfertigt.
     - Die angebotene Position […] ist nicht gerechtfertigt und entfällt."
   - Die Einheitspreise der Positionen sind angemessen und entsprechen dem Hauptangebot."

5. **Versicherungen und Garantien**
   - „Bei dem Garantieschreiben Ihres Bankinstitutes vom […] mussten wir feststellen, dass die Bankgarantie entgegen unseres Schreibens vom […] nur bis zum […] verlängert wurde. Wir sind der Auffassung, dass Ihre Firma die Arbeiten erst frühestens Ende […] mängelfrei beenden wird und bitten Sie daher die Bankgarantie zu verlängern. Sollten Sie dieser Bitte nicht nachkommen, werden wir die Bauherrschaft ersuchen die vorliegende Bankgarantie in der KW […] zu ziehen bzw. in Anspruch zu nehmen."
   - „Wir bitten Sie, uns den Nachweis der Bankgarantie bis zum […] um 12,00 Uhr vorzulegen. Aus o.a. Gründen können wir keine Teilrechnungen anerkennen, da die Sicherstellung nicht gewährleistet ist."
   - „Bei Durchsicht der Unterlagen mussten wir feststellen, dass Ihre Bauwesensversicherung mit (Datum) […] abgelaufen ist. Wir halten der Ordnung halber fest, dass eine Bauwesensversicherung Vertragsgegenstand ist und bitten Sie, diese für die vorgesehene Bauzeit zu verlängern. Sollte es zu Schäden kommen, werden wir Ihnen diese mangels vorhandener Versicherung in Rechnung stellen."

6. **Mängel/fehlende Unterlagen**
   - „Alle später nicht sichtbaren Einbauten (z. B. Feuchtigkeitssperren, Wärmedämmungen etc.) sind von der Bauleitung abnehmen zu lassen. Wir bitten rechtzeitig und mit Vorlauf um Terminvereinbarung Ihrerseits."

- „Wir teilen Ihnen mit, dass bei den von Ihnen ausgeführten [...] -arbeiten nachstehende angeführte Mängel festgestellt wurden:
  - [...]
  - [...]

  Wir bitten Sie die o.g. Mängel bis zum [...] im Zuge der Gewährleistungsfrist/ Leistung zu beheben. Sollte die o.g. Frist von Ihnen nicht eingehalten werden, setzen wir Ihnen hiermit eine zweite Nachfrist bis zum [...]. Nach erneutem Ablauf dieser Frist werden wir ohne weitere Ankündigung die Mängel durch ein Dritt-Unternehmen beseitigen lassen. Die hier entstehenden Kosten werden wir Ihnen in Rechnung stellen."

- „Beiliegend übersenden wir Ihnen die folgende Mängelaufstellung unserer Begehung vom [...]. Wir bitten Sie erneut, siehe unser Schreiben vom [...], die Mängel umgehend (oder bis zum [...]) zu beheben, da wir uns sonst gezwungen sehen, die Übernahme und Anerkennung der Teilleistungen wegen nicht gegebener Mängelfreiheit zurück zu weisen. Die Mängelliste erhebt keinen Anspruch auf Vollständigkeit. Es wurden keine Maßabweichungen nachgeprüft.">durch den letzten Satz können Sie ggfs. noch Mängel nachschieben.

- „Wir bitten Sie die Beseitigung der Mängel schriftlich der Bauleitung anzuzeigen."

- „Wir behalten uns vor, die von uns festgestellten Mängel zu bewerten und von Ihrer Rechnung in Abzug zu bringen. Ebenfalls behalten wir uns das Recht vor, Ihnen die uns entstanden Kosten zur Mängelfeststellung und Beseitigung in Rechnung zu stellen."

- Mängel nach Abnahme: „Wir machen Sie darauf aufmerksam, dass lt. VOB bis zur Abnahme der Mängelbeseitigungsarbeiten die Gewährleistungsfrist unterbrochen ist. Diese setzt erst nach Mängelbeseitigung wieder ein, die Gewährleistungsfrist verlängert sich um den Zeitraum bis zur Mängelfreimeldung."

- Fehlende Unterlagen: „Wir mussten Feststellen das uns nachfolgende Unterlagen/ Atteste fehlen: [...]. Wir bitten Sie, die fehlenden Unterlagen bis zum [...] beizubringen/nachzureichen. Sollten diese Unterlagen zur Schlussrechnungslegung nicht vorliegen, werden wir Abzüge an Ihrer Abrechnung vornehmen und diese ggfs. durch ein Drittunternehmen auf Ihre Kosten erstellen lassen."

7. **Fristen und Termine**

- Fehlende Fertigstellung: „Da Ihre Leistung bis zum [...] nicht fertiggestellt war, mahnen wir die Fertigstellung hiermit an. Außerdem setzen wir Ihnen eine Nachfrist zur Fertigstellung bis zum [...]."

- „Da Sie die für den [...] gesetzte Nachfrist zur Abhilfe versäumt haben, mahnen wir Sie hiermit Ihre Arbeit/Leistung endgültig bis zum [...] zu beenden."

- „Wir halten der Ordnung halber fest, dass zu wenig Arbeitnehmer der Firma [...] auf der Baustelle anwesend sind. Wir bitten Sie die Arbeiten zu intensivieren und unverzüglich abzuschließen. Eine Kopie dieses Schreibens geht an den Auftraggeber."

- Fehlender Arbeitsbeginn: „Mit Schreiben vom […] haben wir Sie beauftragt mit der Leistung […]. Im Widerspruch zur getroffenen Vereinbarung/Beauftragung haben Sie mit den Arbeiten bis heute nicht begonnen und wir müssen daher annehmen, dass Sie diese nicht fristgerecht abschließen werden. Wir fordern Sie daher auf, bis zum […] mit den Arbeiten ohne weiteren Verzug zu beginnen und die verlorenen Fristen durch erhöhten Personaleinsatz aufzuholen. Bei nicht Erreichen des vereinbarten Fertigstellungstermin werden wir von unserem Recht auf Vertragsstrafe Gebrauch machen."

- Fehlender Arbeitsbeginn, wenn Nachfrist verstreicht: wie vor, ergänzt um „Sollte der Nachfristtermin fruchtlos verstreichen, tragen Sie alle rechtlichen Folgen, die sich aus Ihrem Leistungsverzug und der dadurch gegebenen Nichterfüllung des Vertrages ergeben. Wir erklären insbesondere für den Fall der erneuten Fristversäumung ohne Arbeitsbeginn den Rücktritt vom Vertrag. Die hieraus resultierenden Kosten und weiteren rechtlichen Schritte werden wir uns Ihnen gegenüber vorbehalten."

Literatur

BGB Bürgerliches Gesetzbuch, Fassung 21. Dezember 2019.
BauGB Baugesetzbuch, 2004.
DIN 276, DIN-Norm zur Ermittlung der Projektkosten, 2018.
DIN 18202, Toleranzen im Hochbau, 2013-04.
EnEV, Energieeinsparverordnung, 2016.
Musterindustriebaurichtlinie, 2019.
UVgO, 2016, Unterschwellenvergabeverordnung.
VgV, 2016, Vergabeverordnung.
VOB, 2002, Vergabe- und Vertragsordnung für Bauleistungen.
VOL, Vergabe- und Vertragsordnung für Leistungen.

Der Umgang mit den Projektbeteiligten und die Führung im Projekt

5

Die unterschiedlichen Interessen im Projekt sorgen unter Umständen für ein enormes Konfliktpotenzial. Die Kunst des Projektmanagers ist es, die unterschiedlichen Parteien und ihre Aufgaben unter einen Hut zu bekommen. Konflikte sind rechtzeitig zu erkennen und sachbezogen abzuarbeiten, ohne sich moralisch zu verbiegen, d. h. Parteien gegeneinander auszuspielen. Die Parteien sind die Bauherrenschaft, die Fachplaner und Nachunternehmer. Man kann es nicht allen recht machen, aber wer sachbezogen, transparent und fair die Konflikte und Schwierigkeiten zwischen den beteiligten Parteien löst, erwirbt sich den Respekt seines Gegenübers.

5.1 Was ist ein gelungenes Projekt?

Ein gelungenes Projekt ist ein erfolgreiches Projekt. Erfolgreich bedeutete, es ist vollbracht, und zwar im Kosten- und Terminrahmen und es gibt am Ende keine Streitigkeiten. Klingt einfach, ist es aber nicht.

Was braucht es für ein gelungenes Projekt. Die Voraussetzungen für ein gelungenes Projekt:

- Planung: vollständig und abgestimmt
- Kalkulation: vollständige und transparente Kostenberechnung
- Vergaben: vollständige und richtige Ausschreibungen
- Termine: eingehalten, aufeinander abgestimmt

S. Schirmer, *Bau-Projektmanagement für Einsteiger,*
https://doi.org/10.1007/978-3-658-30844-5_5

Aber was braucht ein gelungenes Projekt *nicht* und *was ist besser* (Sichtweise Autor):

- Zu viel Detaillierung > erst das grobe dann das detaillierte
- Zu hohe Ziele > streben Sie erreichbare Ziele an
- Zu viel und zu schnell > Beachten Sie die Ressourcen, alles nur einmal machen, aber dann richtig
- Zu viel Harmonie > sich reiben gehört zur Sachdiskussion
- Datenverlust > Informationen abgleichen, Dokumentation organisieren
- Straffe autoritäre Führung, kein Freiraum > delegieren Sie, lassen Sie zu […]
- Vermeiden Sie Risiko, verschleppte Entscheidungen > Ohne Risiko geht es nicht, aber wer auf Basis von Fakten und Wissen entscheidet, schließt unnötige Risiken aus
- Zu viele Regeln, reduzierte Kommunikation > Menschen zu Beteiligten machen, Kommunikation, Kommunikation […]
- Überlassen Sie nichts dem Zufall > Bewegungsraum für Akteure zulassen, kreatives Planen kann man planen

Für ein gutes Projekt ist ein Team aus guten Leuten nötig, um sein Ziel zu erreichen. Man kann ein Projekt nicht alleine voranbringen. (in Anlehnung William H. McRaven, Mach Dein Bett 2019). Teammitglieder mit Anlaufschwierigkeiten hingegen sind zu unterstützen. In einem Team müssen die Starken die Schwachen mitnehmen, gilt insbesondere für ein Fachplaner-Team. Ein Team-Wechsel während des Projektablaufes bedeutet einen Wissensverlust und schlimmstenfalls eine Umplanung und damit eine Bau-Verzögerung.

Daher in diesen Fällen noch öfter hinschauen, lassen Sie die Planungen bzw. Angaben von schwächeren Fachplanern oder Team-Mietgliedern immer wieder prüfen bzw. hinterfragen. Dieses bedeutet für das Projektteam ein Mehr an Arbeit. Eine fehlerhafte Planung im Baugeschehen während der Ausführung zu ändern ist kaum vernünftig möglich, daher sollten Sie die Fehler vorher finden und korrigieren lassen. Es gilt: Nicht der Weg ist das Ziel, sondern das Ziel ist das Ziel. Auch Umwege führen zum Ziel, bedeuten aber eine längere Wegstrecke, bzw. mehr Arbeit für alle.

5.2   Auftreten und der Umgang miteinander

In den Vorkapiteln habe ich immer wieder auf den Umgang mit Menschen hingewiesen. Gleichzeitig benötigt ein Projekt Führung, d. h. Anordnungen und Entscheidungen, Regeln etc. Um dieses umzusetzen ist die richtige Rhetorik, d. h. Redekunst, ein Schlüsselelement in der Führung und Begleitung von Menschen. Menschen sind unterschiedlich, sowohl von der Grundhaltung her, d. h. charakterliche Ausbildung (Charakter) und in der Art der Ansprache, d. h. fordern und bitten. Machiavelli (Philosoph, 1449–1516) beschrieb dieses so: „Am besten ist es natürlich geliebt und gefürchtet zu werden. Da es aber sehr schwer ist, beides zu vereinen, ist es weitaus besser, gefürchtet als geliebt zu werden, denn ob ich geliebt werde, hängt von den anderen ab;

ob ich gefürchtet werde, nur von mir." (aus Gerhard Lange 2002, Rhetorik, Mit Worten gewinnen, Seite 209). Hier wird der Konflikt der Projektleitung deutlich, Führen heißt nicht „einer führt und die anderen folgen".

Es gibt viel Literatur und Weisheiten, wie man mit Menschen in diversen Situationen umgehen sollte. Ich empfehle hierzu Seminare zu besuchen und sich stetig fortzubilden. Am Ende werden Sie Ihren eigenen Weg finden und beschreiten. Trotzdem möchte ich nachfolgend meine Erfahrungen schildern.

Grundvoraussetzung im Umgang miteinander ist immer: Verhandeln und sprechen Sie auf Augenhöhe mit Ihrem Gegenüber. Kommunikation, Überzeugen und Haltung (Einstellung) sind entscheidende Faktoren im Umgang miteinander. Es ist Ihre Aufgabe als Projektleiter die Beteiligten anzusprechen und mitzunehmen bzw. zu überzeugen. Hier ist zu unterscheiden in Informieren und sich informieren lassen. Der Informationssuchende wird Fragetechniken anwenden, aber er muss auch zuhören und ausreden lassen, um Informationen zu erhalten. Der der informiert (Informant), muss dem Fragesteller zuhören und durch Rückfragen das Gefragte eingrenzen. Sie sehen, es muss eine Interaktion stattfinden. (aus Gerhard Lange 2002, Rhetorik, Mit Worten gewinnen, Seite 213). Hier ist anzusetzen.

Daher haben Sie als Projektführender auch die Baubeteiligten zu führen und anzuleiten. Um Menschen mitzunehmen ist eine durchgehende Kommunikation zu pflegen. Hierzu gehört auch, verschiedene Sichtweisen zu respektieren. Bringen Sie Themen auf den Punkt. Wenn der andere den Sinn versteht, haben Sie einen Konsens gefunden. Daher sollten Sie nicht autoritär das Projekt führen, sondern kooperativ und sinnstiftend, d. h. mit Überzeugung und Beteiligung der anderen.

> **Tipp**
> Denken Sie kreativ und konstruktiv, machen Sie Sachen möglich.

Es geht in erster Linie grundsätzlich um das fachliche, aber wir sind Menschen und sind deswegen auch so zu behandeln. Menschen sind keine Maschinen, wir werden von Denkmustern und Gefühlen geleitet (in Anlehnung Okun und Hoppe 2017). Man unterscheidet zwischen der Sach- und der Beziehungsebene in der Kommunikation, d. h. wie sage ich es und wie wirke ich. Wer sich in die Gefühlslage und Not bzw. Zwänge des anderen einfühlen kann, ist im Vorteil.

Rüpel oder sogenannte „Schreier" im Projekt oder auf der Baustelle werden schnell ausgegrenzt.

Unsere Erwartungen bestimmen oft die Handlungsentscheidungen. Daher klären Sie die Erwartungen, oft hat jeder ein anderes Bild von einer Aufgabe bzw. Leistung. Bringen Sie die Bilder und Erwartungen in Übereinstimmung. Dieses kann auch im Rahmen einer *Rollenklärung* stattfinden. Dabei kann jeder seine Aufgaben und Erwartungen darlegen.

Es ist einfacher in der Gruppe das Thema zu erarbeiten und die Spielregeln zu definieren. Wenn Sie den Akteuren einen Bewegungsspielraum lassen, kommt oft kreatives heraus. D. h. Sie müssen nicht alles vorgeben, sondern können Prozesse auch moderieren und delegieren. Doch führen Sie die Beteiligten immer wieder zusammen. Eine Aufgabenstellung ohne greifbares Ergebnis am Ende ist auch keine Lösung. Behalten Sie immer das große Ganze im Auge.

Auch der Nachunternehmer ist in das gemeinsame Arbeiten mit einzubeziehen. Oft wissen gestandene Handwerker mehr als Sie annehmen. Auch ist ein langjähriger Facharbeiter reicher an Erfahrungen und ggfs. hat er mehr und bessere Lösungsvorschläge als Sie glauben. Daher ein offenes Ohr haben für gute Ideen und Hinweise. Hören Sie zu! Sie können dabei nur lernen.

Ein Projekt läuft weiter, auch wenn es juristisch bereits abgenommen wurde. Gerade für die Projekt-Nachsorge sind willige Nachunternehmer erforderlich, um Störungen oder Mängel abzustellen. Doch genau dann bekommt man keine Hilfe, denn man ist noch in Nachstreitigkeiten zum Projekt, z. B. Vergütung etc. oder man steht schlimmstenfalls zur selben Zeit vor Gericht zur Klärung von Aufgaben, die man während der Bauzeit hätte klären können.

Daher ist es ratsam, offene Aufgaben immer im Projekt und während eines Projektes zu klären. Und genau hier müssen Sie höflich aber gezielt kommunizieren und fair abwägen und entscheiden. Dabei lieber einmal „Bitte" sagen, um ein Ziel zu erreichen als etwas formell einfordern. Die höfliche Bitte öffnet viele Türen und schafft Augenhöhe.

Hart in der (fachlichen) Sache, aber fair im Umgang, so macht man gelungenes Projektmanagement. Wer so agiert wird akzeptiert und ernst genommen.

Ein Sprichwort für Ihre Aufgaben sollte lauten: „Man sieht sich immer zweimal im Leben" Gerade in der Baubranche ist dies oft der Fall. Wer bereits Sie und Ihr Verhalten als fair und sachlich kennengelernt hat, wird sicherlich auch ein zweites Mal gerne mit Ihnen planen und bauen.

Tipp
Meine zwei wichtigsten Ratschläge:

1. Wenn Sie nicht weiterwissen und Rat brauchen, dann fragen Sie ruhig auch die anderen Beteiligten: „Was würden Sie denn machen?". Erstaunlicherweise bekommen Sie fast immer eine Antwort, egal wen Sie fragen, den Handwerker, den Fachplaner etc.
   Abwägen und letztendlich entscheiden müssen Sie > Hut-Thema.
2. Kommunikation, Kommunikation, Kommunikation!!! Man kann es nicht oft genug sagen. Wer nicht spricht, dem kann auch nicht geholfen werden. Der offene Austausch, am besten im persönlichen Gespräch, fördert das Verständnis und löst Missverständnisse auf.

Bitte denken Sie außerdem daran: Wir leben in einem digitalen Zeitalter. Alles was passiert kann fotografiert und alles was Sie sagen kann aufgezeichnet werden. Sprechen Sie daher immer so, als ob Ihre Worte aufgezeichnet werden, d. h. bleiben Sie höfflich und bestimmt, keine verbalen Ausbrüche oder haltlosen Anschuldigungen. So kann Ihnen nichts passieren.

Neben dem richtigen Gebrauch der Sprache und Ansprache ist auch die Körperhaltung ein wichtiges Grundelement. Eine gute Körpersprache unterstreicht das Gesagte. Ein Projektmanager, aber auch Bauleiter, braucht ein gewisses „Standing" (engl. Stehvermögen), d. h. eine gute Gestik, während er spricht. Das ist nicht angeboren, kann aber erlernt werden.

Hierzu ein paar einfache Regeln:

- Wenn Sie sprechen, schauen Sie Ihr Gegenüber an
- Bewegen Sie sich nicht ruckartig, dies lässt Sie unsicher erscheinen
- Achten Sie auf Ihre Hände, nicht in den Taschen, sichtbar […]
- Nutzen Sie keinen Zeigefinger
- Bleiben Sie auf der Stelle stehen, stehen Sie fest auf den Beinen

Auch hierzu gibt es Seminare und Fortbildungen. Grundsätzlich gilt: Hinterfragen Sie immer wieder Ihre Wirkung auf andere.

Hierzu zählt auch die richtige Kleidung. Dieser Faktor wird oft unterschätzt. Seien Sie nicht overdressed, d. h. niemals besser angezogen als Ihr AG. Der erste Eindruck Ihres Kleidungsstiles und Ihrer Gestik entscheiden oft über das Urteil zu Ihrer Person durch Ihr Gegenüber. Wenn Sie Ihr Gegenüber nicht kennen, eine gute Hose mit Sakko und Oberhemd reichen aus. Eine Krawatte wird heute nicht mehr erwartet. Verbiegen Sie sich nicht, aber achten Sie auf sich. Wichtig ist am Ende, dass Sie Ihren Stil finden, und darüber entscheiden Sie allein.

Zu guter Letzt: Projektführung ist kein Wettbewerb. Sie müssen nicht der Beste sein, aber geben Sie stets Ihr Bestes (in Anlehnung William H. McRaven, Mach Dein Bett 2019). Auch Rückschläge und Misserfolge können zu einer Verbesserung beim nächsten Mal führen. Reflektieren Sie nach Projektabschluss, was würden Sie wiederholen oder was würden Sie anders machen. Projektführung heiß auch stetiges (Dazu) Lernen und (Sich) Hinterfragen.

5.3 Der Moderator

Besprechungen sind unabdingbar für eine gemeinsame Abstimmung und Kommunikation. Besprechungen erhöhen die Kreativität, fördern gemeinsame Entscheidungen und den Informationsfluss. Aber Besprechungen, insbesondere zu viele Besprechungen, sind auch wahre Zeitfresser. Gut und professionell vorbereitete Besprechungen führen zum gewünschten Ergebnis. Hierzu benötigt es einen Moderator, einen Besprechungs-Manager, i. d. R. ist das der Projektmanager oder er delegiert die Aufgaben, dann ist es derjenige der einlädt. Dieses gilt aber gleichermaßen für alle anderen Besprechungen, z. B. Baubesprechungen, die vom Bauleiter geführt werden.

Der Moderator/Besprechungs-Manager ist verantwortlich für (in Anlehnung Time/system 1982, Meetings):

1. Die Inhaltliche Vorbereitung
   - Agenda erstellen und diese gewichten, nicht alle Teilnehmer müssen bei allen Punkten dabei sein.
   - Ziele gemeinsam formulieren.
   - Teilnehmerkreis festlegen und einladen.
   - Gesprächsdauer terminieren.
2. Die organisatorische Vorbereitung
   - Örtlichkeit festlegen.
   - Informationen rechtzeitig verteilen, z. B. Agenda, Unterlagen etc.
   - Notwendige Planunterlagen zusammenstellen.
   - Technische Hilfsmittel bereitstellen, z. B. Beamer etc.
   - Sitzordnung festlegen (nur wenn notwendig).
   - Ggfs. für Getränke und Speisen sorgen.
3. Die Moderation in der Besprechung
   - Der Einladende führt/moderiert auch die Besprechung.
   - Protokollführer sollte i. d. R. der Einladende oder der Projektmanager sein.
   - Teilnehmerliste rumgehen lassen.
   - Besprechung Eröffnen und Besprechungsthemen vorstellen.
   - Neue Zusatzthemen entgegennehmen nur wenn diese zum Thema und in den Zeitrahmen passen.
   - Zeitrahmen kommunizieren, ist die Zeit für Sie ok?
   - Spielregeln finden 1: alle Teilnehmer sind gleichberechtigt, aber finale Entscheidungen trifft der Projektmanager oder der Bauherr.
   - Spielregeln finden 2: Gesprächsdisziplin. Es sollte immer nur einer reden. Parallelgespräche sind zu unterbinden. Zuhören und ausreden lassen ist für alle schwer, gehört aber zu einem fairen Umgang.
   - Strukturierte Themen fördern den Lösungsprozess.
   - Am Wichtigsten: für eine lockere und freundliche Stimmung sorgen. Streitthemen können auch unter gegenseitigen Respekt diskutiert werden. Der Besprechungs-Manager ist beides, Moderator und Schlichter, aber oft auch der Streitführer. Wer sich hier richtig und aufrichtig verhält, kommt zum Ziel.
   - Teilnehmer einbeziehen, zu Beteiligten machen.
   - Der Moderator sollte fragende Haltungen einnehmen, so erhält man Antworten. Beliebteste Frage: „Was würden Sie denn machen" oder „Was können Sie dazu beitragen, was ist Ihr Anteil?"
   - Nutzen Sie Visualisierungen.

- Fassen Sie immer das Ergebnis nochmals zusammen.
- Rückblicke regelmäßig durchführen: was hat funktioniert>Lernen aus den Vorgängen/oder abgeschlossenen Projekten.
- Beenden Sie die Besprechung pünktlich.

4. Für die Dokumentation
- Gespräche immer schriftlich festhalten.
- Denn Verteilerkreis festlegen. Kein überflüssiges CC.
- Die Überschrift macht die Akzeptanz: Aktennotiz ist OUT, Protokoll oder Gesprächsprotokoll ist IN.
- Nur das Aufschreiben, was auch gesagt wurde. Nichts „hinzudichten", macht Sie im Nachhinein unglaubwürdig. Wenn unbedingt erforderlich, dann kennzeichnen.
- Ergebnisse und Maßnahmen dokumentieren.
- Zuständigkeiten benennen mit Termin.
- Bei nachfolgenden Besprechungen diese Todos nachverfolgen und bei Erledigung löschen. Besprechungsprotokolle die zu umfangreich sind liest niemand.
- Daher: halten Sie sich kurz und beschreiben Sie präzise.
- Ggfs. Fotos oder Pläne anhängen.

> **TIPP**
> Wer moderiert führt, der kann das Gespräch und die Richtung in die das Gespräch geht vorgeben bzw. lenken.

5.4 Der Moderator als Krisenmanager

Unter Krisenmanagement versteht man das Lösen von technischen, baubetrieblichen und rechtlichen Problemstellungen im Baugeschehen. Es gilt Auftraggeber-Interessen zu wahren und mit dem Lösen der Probleme wieder zu einem normalen Baufortschritt oder zu den vertragskonformen Qualitäten zurück zu finden. Gleiches gilt auch für die Auftragnehmer Seite.

Es gibt viele Bereiche und Tätigkeiten im Bauprojekt bei denen es zu Problemfeldern kommen kann:

- In der Planung>verspätet, fehlerbehaftet oder fehlende Qualifikation für die Aufgabe
- In der Ausführung>Abweichungen vom Bau-Soll, Mängel, Behinderungen, Termine

Verursacher können daher aufseiten des Auftraggebers oder Auftragnehmers liegen:

- Fachplaner
- GU/GÜ

- Nachunternehmer
- Themen zum Grundstück, z. B. BImSchV etc.
- Behörden: Verspätete Freigaben, Anordnungen etc.
- Fehlende Mitwirkungspflicht des AG

Manchmal sind aber auch nicht sofort offensichtliche Umstände die Ursache, z. B. ein GU nimmt einen Auftrag an, obwohl die Eigenkalkulation nicht auskömmlich ist. Das Baustellenpersonal des GU wird also Wege suchen, um das kalkulatorische Ergebnis zu verbessern. Das können Themen wie verändern der Qualitäten oder Vergütungsauseinandersetzungen mit dem NU sein, der dann die Arbeiten verzögert oder gar nicht erst ausführt.

Die häufigsten Ursachen im Projektverlauf sind Terminverzögerungen und Kostensteigerungen. Bei *Pauschalverträgen* oder *GU-Verträgen* wird in der Regel eine Komplettleistung, formuliert als „schlüsselfertiges Bauwerk", vereinbart. Aber hier gilt: wenn die Vertragsgrundlage zur Angebotsstellung unvollständig war oder Fehler beinhaltet, kann es zu Nachträgen, d. h. Kostensteigerungen gepaart mit Termin Verzügen kommen.

Termin Verzüge, d. h. ein gestörter Bauablauf, sind für den GU oder den NU i. d. R. einfach herbei zu führen. Vertraglich können nur Fertigstellungstermine mit einer Vertragsstrafe geahndet werden. Fehler in der Planung, aber auch nicht rechtzeitige Freigaben, lösen Behinderungen und Termin Verzüge aus. Ebenso löst die Änderung der Leistung diese aus. Wer kann schon vorab einen so detaillierten Terminplan aufstellen, der alles abbildet. Terminpolster sind bei Festschreibung des Fertigstellungstermins hinfällig, es sei den man verlegt die Fertigstellung vor und hat so einen Puffer.

Auch ist man bei GU-Verträgen gut beraten den GU selbst den Terminablauf, der Detaillierungsgrad ist Verhandlungssache, erstellen zu lassen. So kann man ggfs. Fehler im Terminablauf dem GU anrechnen.

Was muss man tun, um Krisen zu bewältigen. Hier eine kurze Vorschau auf einen möglichen Vorgehensansatz:

- Grundlagen sind zu ermitteln was die Ursache oder der Mangel ist.
- Verträge und Leistungsbeschreibungen prüfen was gefordert ist.
- Varianten zur Lösung ausarbeiten.
- Aus den Varianten ergeben sich die Termin- und Kostenveränderungen
- Die beste Variante auswählen. Dies als kollektiver Beschluss mit den Beteiligten.
- Lösung schriftlich vereinbaren, Auswirkungen dem AG mitteilen oder zur Entscheidung vorlegen.

Glauben Sie mir, indem Sie die Verursacher an der Lösung beteiligen, bekommen Sie im Gespräch immer mehrere Lösungen bzw. Varianten ausgearbeitet.

5.5   Umgang in Streitbesprechungen

Im Bauwesen kann vieles in der Ausführung schief gehen. Doch oft will niemand verantwortlich sein, die Leistungsgrenzen sind oft auch nicht eindeutig festzulegen. So kommt es, dass meist mehrere Personen, Beteiligte und Firmen zu einem Klärungsgespräch geladen werden. Doch leider führen Klärungsgespräche mit vielen Beteiligten nicht immer zum Erfolg, sondern vielmehr zum Scheitern und Verhärten von Positionen. Das ist natürlich im laufenden Projekt und in der Bauausführung kontraproduktiv. Was ist zu tun?

Hierzu einige Ratschläge:

- Bevor Sie selbstständig Lösungen anstreben zu einem Klärungsgespräch einladen.
- Teilnehmer festlegen. Oft sind Vier-Augengespräche hilfreich.
- Sprechen Sie aber so als ob noch weitere Personen anwesend sind. In der digitalen Welt kann alles ohne Ihr Wissen aufgezeichnet werden.
- Nicht Schuldige suchen, sondern Lösungen fördern.
- Nicht in die Vergangenheit schauen, diese ist vorbei.
- Ziel des Gesprächs ist es die Zukunft vorzubereiten, also lösungsoptimiert denken.
- Verfängliche Themen wie Termine und Kosten erst nach den gefundenen Lösungen ansprechen.
- Rein rechnerisch gibt es meist mindestens drei Lösungswege (Autor):
  1. Nichts machen und aussitzen, nenne ich *Tote-Mann-Stellung,* führt nur selten zum Ziel.
  2. Das Gegenteil machen.
  3. Neue oder alternative Lösung finden.
- Die richtigen Fragestellungen führen i. d. R. zum Ziel (Dale Carnegie 1959, Kürzere Besprechungen – bessere Ergebnisse):
  1. Was ist das Problem?
  2. Was sind die Ursachen des Problems? (nicht die Schuldfrage stellen)
  3. Was sind mögliche Lösungen?
  4. Was ist die bestmögliche Lösung?
- Auch hier gilt: immer höflich und freundlich bleiben, auch wenn es schwerfällt, Stichwort „Faust in der Tasche". Seien Sie Vorbild!
- Wurde die beste Lösung gemeinsam gefunden, werden Sie erstaunt sein, dass das auch i. d. R. die einfachste und kostengünstigste ist. Meist werden die Verursacher den Schaden beheben und die Kosten tragen.

Es gibt Situationen, da können Sie Menschen nicht mit Worten überzeugen. Ein ehemaliger Vorgesetzter von mir hat hierzu Folgendes geraten: Tauschen Sie die Schreibtische. Dieses heißt, dass die Rollen der Beteiligten getauscht werden. Geht nur bei zwei bis drei Personen. Der NU soll sich an Ihren Schreibtisch setzten und Ihre Aufgaben wahrnehmen. Wie sieht er jetzt die Position des NU, also seine Position. Wie würde er als PM sich verhalten? Es ist ein Rollenspiel, das das Verständnis für die Aufgaben des anderen stärkt und oft zu einem Kompromiss bei Streitigkeiten führen kann.

Tipp

Bei Problemen schauen Sie nicht in die Vergangenheit, diese ist bereits vorbei und daran können Sie nichts ändern. Keine Schuldzuweisungen, das können Sie später immer noch machen. Analysieren Sie das Problem und suchen Sie mit den daran beteiligten Lösungen. Entscheiden Sie gemeinsam für die bestmögliche Lösung. Sollte eine gemeinsame Entscheidung nicht möglich sein, entscheiden Sie auf Grundlage des Gespräches! So sind trotzdem alle mitgenommen.

Literatur

Carnegie, D. (1966). Kürzere Besprechungen – bessere Ergebnisse.
Lange, G. (2002). *Rhetorik, Mit Worten gewinnen*. Bonn: Tasso-Verlag.
Okun und Hoppe (2017). Die große Führungskrise. Springer.
Time/system. (1982). Meetings – Effektivitätsgewinn oder Zeitverlust?
William, H. (2019). *Mach Dein Bet*. Munich: Riva.

Bauherrenkoordination

6

Die Bauherrenkoordination ist eine anspruchsvolle Aufgabe. Der Bauherr ist meist ein Bau-Laie, d. h. alle Vorgänge, Entscheidungen etc. sind ihm zu erläutern. Das bedeutet eine gründliche Vorbereitung Ihrerseits, damit Sie nicht unvorbereitet sind. Denn es sind Ihre Projektführungsqualitäten und Ihr Wissen gefragt.

6.1 Aufgabenbestimmung

Der Projektleiter des Bauherrn ist nicht gleich zu setzen mit dem Projektleiter eines Architekturbüros oder eines Generalübernehmers. Zwar gleichen sie sich in vielen Teilen die Aufgaben, aber die Vorgehensweise und seine Möglichkeiten sind grundverschieden.

In der Regel gibt es bei Bauvorhaben (und meist nicht nur bei großen) zwei Projektleiter. Der eine ist dem Bauherrn zugeordnet und vertritt diesen bei der Baumaßnahme. Oft wird dieser Projektleiter des Bauherrn auch durch das vom Bauherrn beauftragte Architekturbüro gestellt. Der zweite ist auf der Unternehmerseite, d. h. i. d. R. beim Generalübernehmer/-unternehmer.

Bauherrenkoordination bedeutet die Begleitung des Bauherrn über die gesamte Planungs- und Bauzeit. Die Bauherrenseite zu vertreten ist eine sehr anspruchsvolle Aufgabe, Sie bedeutet viel Beratung und Aufklärung. Es wird daher viel Fachwissen benötigt über Projektvorbereitung, d. h. Behördenabstimmung, Planungswege und -weisen und über das Vertragswesen und die Projektausführung. Auch eine rechtliche und wirtschaftliche Beratung gehört zum Aufgabenbereich. Ein Bauherrenprojektmanager sollte daher auch Kenntnis von Verträgen und ihren juristischen Auswirkungen haben. Verträge sind nicht gleich Verträge. Kenntnisse über BGF, VOB, Vergaberecht (VOB A-C etc.), der AGBs und die Inhalte der HOAI und sonstiger Gebührenordnungen sind von unschätzbarem Vorteil. Aber: Nicht interpretieren und eigenmächtig Verträge

© Der/die Herausgeber bzw. der/die Autor(en), exklusiv lizenziert durch Springer Fachmedien Wiesbaden GmbH, ein Teil von Springer Nature 2020
S. Schirmer, *Bau-Projektmanagement für Einsteiger*,
https://doi.org/10.1007/978-3-658-30844-5_6

aufstellen und verändern, Sie benötigen auf der Bauherrenseite immer einen Rechtsbeistand, so können juristische Fragen und Formulierungen direkt geklärt werden und die Verträge sind nicht in Teilen unwirksam bzw. sittenwidrig.

Wichtigste Grundregel ist: Kennen Sie Ihre Befugnisse. Diese sollten zwischen Ihnen und dem Bauherrn schriftlich fixiert werden. Verlangt der Bauherr über die vertraglich vereinbarten Leistungen hinaus Aktivitäten und Leistungen von Ihnen, sind Sie nicht verpflichtet diese unentgeltlich zu erfüllen. Ihr Leistungsbild setzt sich aus Grundleistungen, Nebenleistungen und besonderen Leistungen zusammen (HOAI 2013). Die besonderen Leistungen sowie darüber hinaus gehende Leistungen sind explizit zu vereinbaren. Daher prüfen Sie immer sorgfältig Ihr Aufgabengebiet.

Die HOAI geht gem. Beschreibung von einem störungs- und mangelfreien Bauvorgang aus. Zusätzliche Leistungen und Aufwendungen aus Störungen und Mängel werden i. d. R. nicht vergütet, es sei denn, diese sind nicht von Ihnen zu vertreten bzw. auf höhere Gewalt zurückzuführen. Wenn Sie Mehraufwendungen haben durch Planungsmängel, die von Ihnen nicht zu vertreten sind, und hieraus Vergütungsansprüche Ihrerseits wegen Mehrleistungen resultieren, sind diese vom AG als Vertragspartner zu vergüten. Der AG müsste sich diese vom Verursacher wiederholen. D. h. der AG müsste vorab dem Planer belangen, um Ihre Ansprüche abzugelten. Auch müssen Sie als Projektleitender diese Ansprüche bzw. Planungsmängel dem Bauherrn aufzeigen und dokumentieren. Hier wird es schwierig: Sie müssten somit die Unterlagen vorbereiten, die den Planer belasten (dieser soll womöglich noch mitwirken). Das persönliche Verhältnis und Vertrauen zum Planer ist danach i. d. R. stark in Mitleidenschaft gezogen.

Sie als Projektmanager und -steuerer haben wir vor beschrieben eine Beratungs- und Hinweispflicht gegenüber dem AG, Sie sind sein *Sachverwalter*. Ihre Aufgabe ist es rechtzeitig und unmissverständlich Hinweise, die die Interessen des AG betreffen (also Kosten, Termine, Qualitäten etc.), zu geben, Entscheidungsgrundlagen vorzubereiten und den Vorgang als auch die Entscheidung des AG zu dokumentieren.

Als Projektmanager haben Sie im Namen des AG auch die Fördermöglichkeiten auszuloten, d. h. energetische Verbesserungen oder Zuschüsse für Gewerbeumsiedlungen etc. Die bekannteste Förderung ist die Verbesserung der Haustechnik bzw. der Gebäudehülle über Programm der KfW-Bank.

Wirtschaftliche Beratung und Kosten: Hier sollten Sie bedenken, dass der Bauherr in der Regel nur einmal sein Baubudget aufstellt, d. h. seine Geldmittel sind nicht unbegrenzt und werden, wenn überhaupt nur maximal einmal aufgestockt. Dieses bedeutet, dass es immer um Themen wie Kosten und die Vergütung von geplanten Leistungen und letztendlich der bauausführenden Unternehmen gehen wird. Planungsund Baukosten sind festzustellen und ggfs. ist auf diese Einfluss durch Veränderungen der Leistung bzw. Qualitäten zu nehmen. Grundsätzlich ist in der Planungs- und Bauphase nicht verschwenderisch mit Geldmitteln umgehen, sondern Sie sind meist gezwungen Kosten abzusichern und angefallene Kosten und Vergütungsansprüche bei Fehlleistungen zurückzufordern bzw. einzubehalten mit dem Ziel, diese nicht auszubezahlen. So ist oft Streit vorprogrammiert. Aber als Vertreter des Bauherrn sind Sie an die Weisung bzw. Ziele des Bauherrn gebunden und haben diese umzusetzen. Daher bezeichne ich die Bauherrenseite auch als oftmals die schwierigere Seite. Der GU kann Gelder umbuchen und ggfs. Leistungen zu seinen Gunsten beeinflussen, der Bauherr kann dieses nur wenn er Qualitäten oder Leistungsinhalte verändert. Das ist oft schwieriger als gedacht, da auch die finanzierenden Institute oder sonstige Beteiligte wie Fonds etc. mitreden.

Auch hier gilt: Erlangen Sie Verständnis für die Aufgabe und die Nöte der verschiedenen Seiten und Beteiligten. Machen Sie die Beteiligten immer wieder auf die Wichtigkeit der Baukosten aufmerksam. Prüfen Sie immer das Leistungssoll und die dazugehörigen Kosten.

6.2 Der Projektbericht

Der Baufortschritt und die Dokumentation der Klärungen bzw. offenen Fragen wird in einem sogenannten monatlichen *Projektbericht* für den Bauherrn zusammengefasst.

Oftmals scheitert ein Vertrauensverhältnis daran, dass die andere Seite nicht wusste was vor sich geht bzw. ob Entscheidungen rechtzeitig zu treffen waren. Gerade der Bauherr ist meist bauunerfahren und benötigt rechtzeitig Hinweise wo er steht und was zu tun ist. Der Informationsfluss sollte klar und eindeutig aufbereitet sein. Und wichtige Informationen müssen als solche erkannt werden und sind unmittelbar zu geben. So ist neben dem Projektbericht auch weiterhin ein ausreichender Schriftverkehr per Schreiben oder auch E-Mail vorzunehmen. Als monatliche Projektdokumentation hat sich das Instrument des Projektberichts bewährt.

Diese sollte Aussagen zu nachfolgenden Themen beinhalten:

- Stand (Datum) > monatliche Zusammenfassung der nachfolgenden Themen
- Stand der Planung
- Vergaben und Verträge
  - Fachlich Beteiligte (Fachplaner)
  - Behörden und Versorger
  - Nachunternehmer/Ausführende Firmen
- Kosten
- Termine
- Vorschau (nächster Monat/Monate)
- Entscheidungen Bauherr
- Rechtliche Belange (z. B. Behinderungs- und Bedenkenanzeigen)
- Anlagen

Auf die einzelnen Punkte möchte ich hier nicht eingehen, diese können Sie nach Belieben gestalten. Aber zum Punkt Kosten möchte Ihnen eine beispielhafte Hilfestellung als Textkonserve geben, siehe nachfolgenden Beispieltext:

Abb. 6.1 beispielhafter
Budgetauszug

genehmigtes Budget	6.180.800,01 €
offene Vergaben	-1.755.465,71 €
erfolgte Verhandlungen und Vergaben	-4.419.008,65 €
Risikobewertung = 5% der unklaren Kosten	-24.442,54 €
mögliches Skonto	31.900,00 €
Über- / Unterdeckung	-12.810,32 €
Bewertung	**972,79 €**

„KOSTEN"

Grundlage bildet das dem Aufsichtsrat/Bauherrn vorgelegte Budget mit den zusammengefassten Kostenstellen 1 bis 7 der DIN 276 in einer Gesamthöhe von **6.180.800,01 EUR
netto.** Das Budget wurde am 18.10.19 genehmigt.

Im Budget war eine Vielzahl von Kostenannahmen enthalten, die durch das Büro
Mustermann geschätzt wurden.

Am 01.02.19 erfolgte eine Summenabstimmung mit den Architekten und dem Büro
Mustermann, die Grundlage des beiliegenden Budgets ist. Der aktuelle Stand ist nachfolgend als Budgetauszug eingefügt, siehe Abb. 6.1:

Danach ist das Budget soeben ausgeglichen. Durch mehrstufige Verhandlungen
konnten bisher alle Planungsdefizite ausgeglichen und wertsteigernde Planungs-
änderungen realisiert werden."

6.3   Vorbereitung von Entscheidungen

Eine der Hauptaufgaben des Projektmanagers ist es dem Bauherrn und Auftraggeber rechtzeitig die den AG betreffenden Aufgaben vorzulegen und Ihn bei der Ent-
scheidungsfindung zu unterstützen.

Hier ist zu unterscheiden in:

1. Allgemeine Themen aus der Bauaufgabe, d. h. Behördentermine, Planungsaufgaben/
   Entscheidungen, Qualitätsaufgaben, evtl. Vergabeentscheidungen etc.
2. Störungen im Bauablauf, auch Bauablaufstörungen genannt (VOB/B, § 6,
   Behinderung und Unterbrechung der Ausführung)

Ihre Qualitäten als Projektmanager werden in beiden Aufgabenbereichen benötigt, wobei
die erste Aufgabe Ihr organisatorisches Talent und Ihr Wissen über Bauabläufe und
Tätigkeiten herausfordert. Die zweite Aufgabe erfordert zudem Verhandlungsgeschick
und Entscheidungsfreudigkeit. Hier geht es letztendlich und den terminlichen und
monetären Erfolg der Baumaßnahme.

Störungen im Bauablauf gibt es viele:

• Verspätete oder mangelhafte Ausführungsplanung
• Geänderte oder zusätzliche Leistungen

- Qualitätsabweichungen
- Terminliche Veränderungen (Verzug, fehlende Vorleistungen etc.)
- Mehrkosten oder Kostenveränderungen
- Unvorhergesehenes (Streik, Vandalismus, Unfälle, Nachbarschaftsstreit etc.)
- Höhere Gewalt
- Witterungseinflüsse (nur eingeschränkt, normale Verhältnisse gelten nicht als Behinderung, VOB/B, § 6, Abs. 2)

Als vorausschauende Projektleitung können Sie viele Ursachen und Anzeichen rechtzeitig erkennen und gar nicht erst zu Themen werden lassen. Hierzu zählt insbesondere das Termin- und Planungsmanagement. Allerdings gibt es keine Baustelle ohne „Problem" oder „Schwierigkeiten".

Sollte es dennoch zu den o. g. Störungen kommen, ist es Ihre Aufgabe die Ursachen aufzudecken und mögliche Lösungen im Sinne des AG auf- und auszuarbeiten. Um Lösungen zu erarbeiten ist es notwendig mit den Verursachern und den Betroffenen die Auswirkungen abzugleichen und Gespräche zu führen.

Der AG bekommt so von Ihnen die möglichen Auswirkungen und auch Lösungen präsentiert und kann unter den Lösungen sich die Beste auswählen, vorausgesetzt Sie haben nicht die Vollmacht, um eigenmächtig zu entscheiden. Wichtig ist es immer Protokolle über die Gespräche zu führen, so kann nicht später auf ein Fehlverhalten Ihrerseits hingewiesen werden. Transparenz und Kommunikation ist hier die beste Strategie.

Anhand der aufgeführten möglichen Störungen ist ersichtlich, wie wichtig es ist den Planungsprozess sauber und geordnet durchzuführen. Geänderte und somit oftmals verspätetet Leistungen oder mangelhafte und unvollständige Planungen führen i. d. R. zu Terminverzögerungen und Kostenveränderungen auf der Baustelle. Wer hier weit- und umsichtig die Beteiligten, hier AG und Planungsbeteiligte, führt, hat gute Voraussetzungen für einen geordneten Bauablauf, da auf einer guten Planung eine saubere Vergabe und Terminierung der Leistungen aufgebaut werden kann.

Daher ist es wichtig den Projektmanager, also Sie, von Anfang an dabei zu haben. Je früher Sie Einfluss auf das Geschehen nehmen können, desto größer die Chancen auf einen geordneten und gut organisierten Projektablauf.

TIPP

juristische Fragen sind immer mit einem Baujuristen zu besprechen. Hier ist der AG auf Beteiligung eines geeigneten Fachberaters hinzuweisen. Besonders Störungen mit weitreichenden Auswirkungen sind mit einem Anwalt zu besprechen. Dieser wird dem AG bzw. Ihnen ebenfalls Empfehlungen aussprechen.

Wenn Sie Projektmanager des GÜ sind, lösen Sie die Störungen selbstständig auf, d. h. Sie entscheiden. Bei juristischen Auseinandersetzungen oder Kostenabweichungen, die im Budget nicht aufgefangen werden können, müssen Sie Ihre Geschäftsleitung informieren und sich intern abstimmen.

In den nachfolgenden Kapiteln nehme ich immer wieder Bezug auf die möglichen Störungen im Bauablauf und gehe gezielt auf mögliche Lösungsansätze ein.

6.4   Qualitäten/Bemusterung

Im Bauvertrag oder Verträgen werden i. d. R. Vorgaben zu den Qualitäten und Fabrikaten von Produkten benannt. Um diese Vertragsvorgaben zu bestätigen oder ggfs. auch Veränderungen zu vereinbaren, wird nach Vertragsschluss eine sogenannte *Bemusterung* durchgeführt. Das heißt der Bauherr kann in Abstimmung noch wählen, z. B. aus verschiedenen Mustern, bzw. vertragliche Vorgaben verändern. Oder der Bauherr hat bauvertragliche Wahlmöglichkeiten, d. h. wenn Fabrikate im Vertrag benannt werden aber eine sogenannte Gleichwertigkeit zugelassen ist. Dann hat der Ausführende dem Bauherrn ein Wahlrecht einzuräumen. Den Umfang, d. h. Bemusterung von Original-Produkten oder aus Katalogen, können Sie mit dem Bauherrn oder dem benannten Vertreter abstimmen.

Auch wenn viele Leistungsbereiche in der VOB/C (z. B. VOB/C DIN 18363, Punkt 4.1.9, Malerarbeiten) die Bemusterung als Nebenleistung benennen, sollte sie immer ausdrücklich im Werkvertrag vereinbart werden. Hier ist auch festzulegen wer bemustert, d. h. bei GU oder GÜ Aufträgen organisiert dieser eine Gesamtbemusterung. Bei Einzelverträgen mit Nachunternehmer können auch einzelne Bemusterungen zur vereinbarten Leistung durchgeführt werden. Bei größeren Bauvorhaben werden sogenannte Musterräume oder Musterfassen erstellt. Diese sind i. d. R. vom AG zu beauftragen und zu vergüten, dieses ist vertraglich zu regeln.

Oft wird die Bemusterung inhaltlich geteilt in Ausführungspakete, diese können wie folgt lauten:

• Rohbau > Oberflächenqualitäten, Schalungsart etc.
• Hülle > Fassade, Fenster, Sonnenschutz etc.
• Ausbau > Oberflächen (Wände, Böden etc.), Farben etc.
• Haustechnische Gewerke > sichtbare Materialien und Gegenstände, aber auch allg. haustechnische Installationen

Über die Bemusterung ist Protokoll zu führen. Das Protokoll sollte Fotos oder Fabrikats Abbildungen enthalten. Das ausgefertigte Schriftstück ist vom Bauherrn freizugeben oder zu unterschreiben.

Schwierig ist es bei Naturprodukten eine eindeutige Festlegung zu treffen, z. B. Naturstein. Hier kann eine sogenannte *Grenzbemusterung* stattfinden, d. h. man legt Kriterien fest, z. B. Anzahl der Einschlüsse, Farbennuancen etc.

Während der Planung oder der Bauzeit kann es zu Abweichungen oder zusätzlichen Wünschen kommen. Sollten diese Einfluss auf die Bemusterung haben, sind diese schriftlich als Änderung mit dem Bauherrn zu fixieren.

Veränderungen in der Qualität führen auch zu veränderten Kosten. Diese sind dem Bauherrn aufzuzeigen, da sie seine Wahl beeinflussen könnten.

Die Bemusterung ist rechtzeitig durchzuführen. Die Bemusterung wird nach Vertragsabschluss und i. d. R. während der Ausführungsplanung (HOAI, LP 5) durchgeführt. Sie als Projektmanager haben hier die Koordinierungspflicht. Stimmen Sie rechtzeitig den Termin ab, sodass die Muster organisiert werden können. Werden die Muster nicht durch die Nachunternehmer gestellt, sind die Fachplaner verpflichtet die Muster zu organisieren.

Legen Sie fest wer die Bemusterungslisten vorbereitet und in welchen Räumlichkeiten die Bemusterung durchgeführt wird. Laden Sie alle Entscheidungsträger ein.

Bei der Bauausführung sind Sie und Ihr Bauleiter angehalten zu prüfen, ob die vereinbarten Qualitäten auch ausgeführt werden.

Literatur

HOAI 2013, Verordnung über die Honorare für Architekten und Ingenieurleistungen.
VOB/B und C, Vergabe- und Vertragsordnung für Bauleistungen, 2002.

Planungskoordination

7

Für das Gelingen eines Projektes ist eine vollständige und ausführungsfähige Planung die Grundvoraussetzung. Es gilt: „Wer ohne Plan baut, baut planlos".

Vorrausetzung für eine gelungene Planung ist die Kenntnis nachfolgender Themen (beispielhafte Auswahl):

- Anforderungen des Nutzers (Haustechnik, Prozesse, Gestaltung/CI etc.)
- Ziel des Bauherrn (Kosten, Gestaltung etc.)
- Was kann das Grundstück > z. B. Gründung klären, Bodenverhältnisse und Wasserstand
- die richtige Bautechnik (Statik, Bauweise etc.)
- Vorgaben Brand- und Wärmeschutz
- Sonderthemen/Schwierigkeitsgrad (Was wird gebaut: z. B. Büro oder Labor etc.)

Die Einzelthemen erfordern u. a. unterschiedliche Planungsbeteiligte und Sonderfachleute. Im Bauwesen sagt man das jedes Gebäude ein „Prototyp" ist. Meist ist es nicht die Bautechnik oder Ausstattung, die den Prototypen ausmacht, sondern die jeweils neue Zusammensetzung des Projektteams und der Umgang mit der Aufgabe. Für viele ist es das erste Mal, wenn Sie mit einer speziellen Bauaufgabe konfrontiert werden.

Egal wie die Aufgabe aussieht und wie das Team zusammengesetzt ist, die Gesamtkoordination, d. h. das Zusammenführen der Beteiligten, obliegt der Projektleitung.

S. Schirmer, *Bau-Projektmanagement für Einsteiger,*
https://doi.org/10.1007/978-3-658-30844-5_7

7.1   Planungskreis festlegen

Die Planung ist die Grundlage der späteren Bauausführung. Eine vollständige und gut abgestimmte Planung ist die Grundlage für ein gelungenes Bauvorhaben. Doch wie stimme ich eine Planung ab und wer ist an dem Vorgang beteiligt?

Legen Sie den Kreis der Planungsbeteiligten fest (ohne Gewähr auf Vollständigkeit):

- **Projektleitung:**
  - Projektleiter/-manager des Bauherrn
  - Interne Ansprechpartner AG, Fachbereiche, Koordination, Freigaben etc.
  - Baurechtsanwalt
- **Behörden:**
  - Wirtschaftsförderung
  - Sachbearbeiter Baugenehmigung
  - Feuerwehr oder Amt für Brandabwehr
  - Umwelt- und Grünflächenamt
  - Arbeitsschutz
  - Weitere [...] je nach Bauaufgabe in Abstimmung mit Sachbearbeiter
- **Grundstück:**
  - Grundstücksmakler   > Suchen des geeigneten Grundstücks
  - Bodengutachter   > Bodenaufbau/Gründungsempfehlung/Altlasten
  - Vermesser   > Grundstücksteilung/Katasterplan/Höhen etc.
  - Artenschutz   > geschützte Tiere auf dem Grundstück, Baumfäll-
                         antrag etc., meist Außenanlagenplaner
  - Bergamt   > Untersuchung auf Bergschäden
  - Kampfmittel   > Auswertung von Luftbildern, meist über Ordnungsamt
  - Versorger   > Abfrage der vorhandenen Medien, z. B. Fernwärme etc.
- **Gebäudeplanung:**
  - Architekt   > Gebäudeplanung, LPH 1–9, d. h. inkl. Bauleitung
  - Massivstatik   > Massiv- und Holzbau, Genehmigungs- und Aus-
                         führungsstatik, auch Abbruchstatik
  - Stahlstatik   > wie vor für Stahlbauten, kann über Massivstatiker ab-
                         gedeckt werden
  - Brandschutz   > Brandschutzkonzept, Beratung und Überwachung
  - Bauphysik   > EnEV Nachweis, Schallschutzgutachten, Akustik etc.
  - Elektrotechnik   > Elektroplanung, LPH 1–9, auch Sonderthemen wie
                         Photovoltaik etc.
  - HLSK   > haustechnische Planung für Heizung, Lüftung,
                         Sanitär, Kälte und Gebäudesteuerung (MSR)
  - Entwässerung   > Entwässerungsantrag, Schmutz- und Regenwasser
                         planung, inkl. Versicherung etc.

- Außenanlagen > Freiraumplanung, befestigte und unbefestigte Außen-
anlagen, Leistungsbild gem. HOAI
- Sonderplaner > Verkehrsplaner
.>Logistikplaner (bis Hochregallager etc.)
.>Hygieneplaner, z. B. bei Krankenhäusern
.>OP-Planer, auch Krankenhaus
.>Strahlenschutzplaner
.>Hubschrauberanlagen
.>Photovoltaikanlagen
.>Geothermie
.>Laborplaner
.>Küchenplaner
.>Innenarchitekten/Möblierungsplaner
.>Industrieanlagenplaner
.>BimSchV spezialisiertes Planungsbüro
.>Fassadenplaner

- **Prüfer, Gutachter etc.:**
  - SiGeKo   > Gesundheitskoordinator, bereits in Planungsphase
  - Prüfstatik   > Beauftragung über AG oder Bauamt, je nach Bundes-
land verschieden
  - Prüfer   > z. B. für Brandschutzkonzept, wie vor.
  - Zertifizierer   > DGNB, Passivhaus etc.
  - Tiefgarage   > Nachweis der Zu- und Abluft, z. B. TÜV
  - Bodenplatten   > Gutachter und Fachplaner für Industriebodenplatten
  - Dachgutachter   > Gutachter für Dachaufbau und Ausführung
  - Lüftungsgutachter > prüft Lüftungskonzept, Planungen und Ausführung
  - Gutachter   > prüfen Ausführung vor Ort, Mängelfeststellungen
  - Blower-door   > Fachingenieur Nachweis Luftdichtigkeit
  - Schadstoffe   > Gutachter für Bauschutt, Abbruch etc.

- **Ausführende Firmen:**
  - Generalübernehmer/Generalunternehmer
  - Einzel-Nachunternehmer, je nach Auftragsform

Sie erkennen bereits an der Auflistung, dass eine Vielzahl von Fachleuten am Bau beteiligt sein können und koordiniert werden müssen.

Je nach Projektphase sind die Baubeteiligten in den Ablauf einzubinden. Zu unterscheiden ist in die nachfolgenden Projektphasen (Leistungsphasen [LP] nach HOAI):

- Projektentwicklung > Bedarfsermittlung, Grundstücksuche, Standort
- Konzeptionsphase > Raum- und Funktionsprogramm, Kostenrahmen
- Planungsphase > LP 1–7, Planung, Vorbereitung Vergabe und Vergabe
- Realisierungsphase > LP 8, Auftragsvergabe, Bauausführung,
- Projektabschluss > Abnahmen, Inbetriebnahme, LP 9 Dokumentation

Alle Abstimmungen und Koordination erfolgen in diversen Planungs- und Gesprächsrunden. Diese sind zu protokollieren.:

- Bauherren-Jour-Fix (ergänzt mit monatlichen Projektbericht)
- Fachplaner-Besprechungen, nach Aufgabengebiet getrennt oder als zusammengeführtes Fachplaner-Treffen (man sollte sich untereinander kennenlernen)
- Einzelprotokolle für z. B. Behördentermine, Feuerwehr etc.
- Bauleitungsprotokolle, Abstimmung mit den NU auf der Baustelle

Diese Protokolle sind fortlaufend zu nummerieren und zu versenden. Die Versendung erfolgt i. d. R. als PDF. Aufgaben sind mit Zuständigkeiten und Terminen zu kennzeichnen. Das Nachhalten kann im nachfolgenden Termin erfolgen oder über einen Nachverfolgungsplan.

Bei den Gesprächskreisen zwischen Bauherr und Fachplaner sollte der Projektleiter immer anwesend sein. Die Bauleitungsprotokolle sind vom Bauleiter zu führen.

Fordern Sie immer Kopien von allen Gesprächsvorgängen ein. So sind Sie immer bestens im Bilde.

Eine digitale *Cloud* oder ein digitaler *Projektraum* zum Ablegen von Dokumenten, Zuteilung von Zugriffsrechten und zum Plan- und Protokollversand ist hilfreich und kaum noch wegzudenken. Es gibt inzwischen viele Dienstleister, die einen solchen digitalen Raum anbieten. Diese sind meist nicht kostenfrei und sind i. d. R. für einen bestimmten Zeitraum zu mieten. Durch die Nutzung solcher Räume können Sie nachvollziehen *wer was wann* abgerufen oder eingestellt hat. Auch bieten sie eine Suchfunktion, sodass Sie Dokumente schnell finden können. Zusätzlich unterstützt der Projektraum Ihr E-Mail-Ablagesystem. Entweder verschicken Sie die E-Mails aus dem Projektraum heraus oder Sie können Ihre über Outlook versendeten E-Mails über einen Projektcode direkt in den Projektraum als CC verschicken.

Klären Sie vorab, wer den Projektraum einrichtet. Ein Planerteam kann diesen einrichten, dann ist die Kostenübernahme zu klären und wer die Verantwortung/Leitung hat. Ein GU oder GÜ wird in der Regel einen eigenen Projektraum einrichten, hier können Zugriffsrechte für die externen Planer und auch für den AG und den Projektleiter eingerichtet werden. Allerdings muss bewusst sein, dass der Projektraum zeitlich begrenzt ist und wenn dieser nicht über den AG läuft, der Zugriff nicht mehr gegeben ist.

7.2 Planung der Planung

Bei der Planung der Planung geht es um *wer macht was* und *bis wann*. Schwierig hieran ist, dass die Planungsbeteiligten Termine abstimmen und einhalten sollten. Dieses geht nur im Gespräch. So kann ausgelotet werden wer welche Kapazitäten hat etc.

Die Terminvorgaben zur Abstimmung werden vom Projektleiter oder Architekten vorgegeben.

Um die Zuständigkeiten und Ansprechpartner festzulegen haben sich sogenannte *Projektorganigramme* (Schema, Aufbau einer Organisation) bewährt. Es sollten hier auch die Weisungsrechte dargestellt werden, d. h. *wer* prüft die Pläne und *wer* gibt diese frei. So kann jeder mitlesen wer für was steht und mit wem er sich abzustimmen hat.

Aber geben Sie Anweisungen, z. B. wer erhält welche Schreiben in Durchschrift (CC). Bei großen Projektteams oder Fachplaner Runden kann eine *Rollenklärung* Sinn machen. Hier kann jeder seine Erwartungen, Aufgaben und Pflichten darstellen. Mit der Rollenklärung ist meist auch eine Aufgabenklärung verbunden. Der Projektleiter kann Korrekturen vornehmen und die Rollen zuordnen und klären.

Auch gibt es in manchen Bauvorhaben ein sogenanntes *Organisationshandbuch*. Hier sind der Projektablauf, die Zuständigkeiten, Ziele und meist auch Qualitäten detailliert beschrieben. Macht Sinn für Unternehmen, die eine eigene Bauabteilung haben und Projekte als Serien umsetzen, z. B. Lebensmitteldiscounter etc.

> **Tipp**
> Ich empfehle eine Rollenklärung im Team durchzuführen. Hier können die Beteiligten Ihre Erwartungen und Aufgaben definieren. Die unterschiedlichen Erwartungen können untereinander abgestimmt werden. Aber allen Erwartungen kann man nicht gerecht werden. Durch die Abstimmung können jedoch Konflikte vermieden werden.

Um verbindliche Terminziele aus der Konzeptionsphase in die Planungsphase zu übertragen, hat sich das Instrument des *Planungsterminplans* bewährt. Hier kann dargestellt werden welche Planungen oder Planunterlagen bis wann und durch wen zu erstellen sind. In der Regel sollten Terminangaben zur Planung durch den Architekten erstellt und zum Teil auch vorgegeben werden. Insbesondere Planungsschnittmengen mit anderen Fachingenieuren können so terminlich definiert werden. Der Projektsteuerer führt dann diese Angaben mit den restlichen Terminanforderungen zusammen.

Je nach Planungsphase, ist die Detaillierung der Planung eine andere. Vom Groben ins Feine ist die Regel. Stehen die Grundrisse nicht verbindlich fest, macht es keinen Sinn Schal- und Bewehrungspläne zu erstellen. Und kein Grundriss ohne Steigeschächte oder Trassen (Lage und Größe), die die Haustechnik benötigt.

Immer sicherstellen, dass die Fachingenieure die Planung untereinander abgestimmt haben. Liegt eine abgestimmte Planung vor, ist das Planungsmodell vom AG freizugeben zu lassen. Erst dann können weiterführende Planungen aufgesetzt werden. Klingt selbstverständlich, ist aber in der Praxis nicht ganz so einfach. Zur Freigabe des Entwurfs benötigt der AG Grundrisse, Schnitte und Ansichten. Auch die haustechnische Planung ist vom AG freizugeben, hier sollte die Planung der Einfachheit halber in eine Präsentation zusammengefasst werden.

Im Planungsterminplan ist somit abzubilden bis wann die vor genannten Plänen und Präsentationen erstellt sind von den Planungsbeteiligten. Auch der angestrebte Freigabetermin beim AG ist darzustellen.

Ist so ein Plan gemeinsam für die Planungsphase, z. B. LP 1–4, erstellt, hat der Projektleitende dafür zu sorgen, dass die Terminziele eingehalten werden.

Wichtig ist es auch die behördlichen Einflüsse einzuschätzen. Wann ist mit wem was abzustimmen. Beispiel vorbeugender Brandschutz. Gespräche können klären ob das angedachte Brandschutzkonzept umgesetzt werden kann. Oftmals verfügen die Feuerwehren nicht über geeignetes Anleiter-Material oder Personal, sodass ein 2. baulicher Fluchtweg (zusätzliches Treppenhaus oder Fluchtbalkon) in der Planung erforderlich wird. Dieses sollte rechtzeitig erkannt werden und in die Planung einfließen.

Behörden haben auch Einfluss auf den Terminplan, z. B. Genehmigungszeitraum, d. h. von der Einreichung bis zur Genehmigung. In den letzten Jahren wurden diese immer länger und können bei großen Projekten bis zu einem Jahr dauern. Nachforderungen zur Genehmigungsplanung sollten vermieden werden, da sich so der Genehmigungszeitraum verlängert.

Gekoppelt sollte solch ein Planungsterminplan werden mit einen *Projektablaufplan*. So können terminliche Ziele dokumentiert und ggfs. korrigiert werden. Im Projektablaufplan können auch Entscheidungstermine des AG dargestellt werden, z. B. Planfreigaben und Entscheidungsprozesse. Hier ist auch darzustellen bis wann welche Planungsbeteiligten zu beauftragen sind.

Die Überwachung von Terminen, d. h. auch Planungsterminen, ist Aufgabe der Projektsteuerung. Koordinieren und planen hat immer was mit Terminen zu tun.

Literatur

HOAI 2013, Verordnung über die Honorare für Architekten und Ingenieurleistungen.

Vertragsformen/Vergaben

Die Leistung *Vergabe* ist eine der Stellgrößen im Projekt. Bei der Vergabe entscheidet sich ob das Projekt sauber durchläuft und sich preislich verbessert bzw. verschlechtert. Zeigt sich durch die Vergaben, dass das Projekt nicht kostendeckend zu erstellen ist, dann erhöht sich der Druck auf das Projektteam. Die Folge sind Entscheidungen, die unter der „Kostenknute" gefällt werden und oft nicht zu der erhofften Qualität und so wiederum zu einem Mehraufwand im Projektteam führen. Daher ist die Vergabe als Gesamtleistung im Projektablauf nicht zu unterschätzen.

8.1 Verantwortliche in der Vergabe

In der HOAI (HOAI 2013) ist in der LP 6–7 der Umfang der Leistung und welche Fachplanungen diese Leistungen erbringen definiert. In der Regel werden die Ausschreibungen von den Gewerke-Fachplanern erstellt, aber diese könne auch durch externe Büros (meist Projektmanagementbüros oder auf Ausschreibungen spezialisierte Büros) und sonstige Dritte erstellt werden. Generalplaner und Generalübernehmer haben eigene kaufmännische Abteilungen oder spezialisierte Personen, die die Leistungen ausschreibt und die Bietergespräche führt.

Die Koordination der Vergabe obliegt dem Projektsteuerer oder dem Architekten. Bei größeren Bauvorhaben und GU/GÜ Verfahren fällt diese Aufgabe der Projektleitung zu.

Wer ausschreibt sollt fachlich in der Lage sein dieses zu tun. D. H. ein technisches Grundwissen über die Gewerke und Bauabläufe sollte vorhanden sein. Die Prüfung ist ebenfalls zu organisieren, zumindest stichprobenhaft.

Vergeben tut letztendlich der, der die Leistung beauftragt, also der Bauherr oder ein Generalplaner bzw. Generalunternehmer. Kann der Bauherr die Vergabeleistung nicht

© Der/die Herausgeber bzw. der/die Autor(en), exklusiv lizenziert durch Springer
Fachmedien Wiesbaden GmbH, ein Teil von Springer Nature 2020
S. Schirmer, *Bau-Projektmanagement für Einsteiger,*
https://doi.org/10.1007/978-3-658-30844-5_8

selbst erbringen, bedient er sich eines Erfüllungsgehilfen, i. d. R. Architekt oder haustechnischer Fachplaner.

Im Aufgabenbereich Vergabe ist nachfolgendes zu beachten:

- Koordination der Leistung (abstimmen, anfordern, Terminkontrolle etc.)
- Klären der Grundlagen (z. B. Vertrag, Vergabeform, Aufteilung der Leistungsbeschreibungen etc.)
- Aufteilung der Fachlose > was ist auszuschreiben
- Erstellen der Leistungsbeschreibungen > wer?
- Einholen von Angeboten inkl. Versand > wer?
- Terminorganisation der Vergaben und Submission
- Auswerten und Prüfen von Angeboten, z. B. Vorprüfung, abschließende Prüfung und Bewertung > wer?
- Führen von Bietergesprächen, Vergabeverhandlung > Teilnehmerkreis festlegen
- Zusammenstellen der Vertragsunterlagen > wer?
- Auftragsvergabe, Beauftragung > wer?
- Ablage organisieren

Alle diese Leistungen können durch unterschiedliche Beteiligte erfolgen. In der Regel gibt es nachfolgende Beteiligte:

- Bauherr/Beauftragender (AG) > rechtlich verbindliche Beauftragung durch Unterschrift. Der Beauftragende kann auch ein Generalübernehmer oder Generalunternehmer sein.
- Fachplaner oder ausschreibende Stelle: erstellt Leistungsbeschreibung, wertet die Angebote aus. In der HOAI kann man den Leistungsumfang festlegen, z. B. LP 6, Punkte a-f und LP 7 Punkte a-h. Für Leistungen, die nicht oder durch andere erbracht werden, kann eine Preisminderung vereinbart werden.
- Projektsteuerer: koordiniert die Abläufe und bringt die Fachplaner zusammen. Kann auch der Architekt sein. Bei größeren Bauvorhaben dieses i. d. R. eine eigene Person.
- Kaufmann/-frau oder kaufmännische Abteilung: Erstellt die Vertragsunterlagen und lässt i. d. R. ausschreiben durch den Fachplaner oder Dritte. Auch die Auswertung und die Führung der Bietergespräche gehört zum Aufgabenbereich. Diese Leistungen können aber auch an den Projektsteuerer oder Fachplaner vergeben werden.
- Anwälte: prüfen i. d. R. die Verträge im Vorfeld, d. h. Vertragsform und Texte. Bei öffentlichen Vergaben sollte auf jeden Fall die Hilfe eines Rechtsberaters in Anspruch genommen werden.
- Bieter/Nachunternehmer (NU): bietet die ausgeschriebene Leistung an. In Sonderfällen kann auch der Bieter die Leistungsbeschreibung auf übergebenen Unterlagen erstellen.
- Hersteller: Sind Qualitäten in Form von Produkten vorgegeben, kann die Erstellung der Leistungsbeschreibungen auch an die Hersteller vergeben werden.

Bei einer Vergabe durch den GU/GÜ übernimmt der Projektleiter die o. g. Aufgaben und koordiniert die Ausschreibung und Vergabe.

> **TIPP**
> Grundsätzlich gilt: Derjenige, der ausschreibt und die Leistung vergibt, generiert das Wissen, d. h. er erhält Wissen zu den Vergabemengen, Qualitäten, Abläufen und zur Kostenentwicklung.

Daher ist es so wichtig vorab zu definieren: *Wer kümmert sich um was*. Am besten wäre es, wenn der Projektsteuerer alles selbst macht. Aber wie so oft ist das aus Kapazitätsgründen nicht möglich. Daher sind die Aufgaben zu delegieren. Um das Wissen zu erlangen und auch zu behalten sollte der Projektsteuerer aber unbedingt den Hut aufhaben, d. h. an allen maßgeblichen Leistungen mitwirken, wie z. B.:

- Koordination der Beteiligten (Leistung, Grundlagen, Termine etc.)
- Vorgabe wie ausgeschrieben wird
- Teilnahme an (zumindest) wichtigen Vergaben
- Kostenentwicklung nachverfolgen
- Empfehlung oder Entscheidung an wen vergeben wird (je nach Vertragsumfang)

8.2 Formen der Vergabe

Die Entscheidung über Erfolg und Misserfolg wird oft schon in der Beauftragung getroffen. Die Vertragsform kann u. a. helfen Streitigkeiten zu minimieren. Hat der Auftragnehmer sich für einen Abrechnungsauftrag, d. h. einen Einheitspreisvertrag, entschieden, hängt von der Vollständigkeit der Ausschreibung die mögliche Preisentwicklung ab. Mengenfehler oder vergessene Leistungen führen zu Mehrkosten, gut für den AN, aber der Streit mit dem Auftraggeber ist vorprogrammiert. Pauschal- oder Detailpauschalverträge können helfen eine Leistung ohne Massengerüst festzuschreiben, denn der Generalunternehmer wird genötigt vor Beauftragung die Massen zu bestätigen oder selbst zu generieren. So wird das Risiko verschoben auf den AN. Allerdings gilt auch hier: Vollständig und umfassend ist die Leistung zu beschreiben bzw. aufzuzeigen, denn Qualitäten kann man nicht zeichnen. Diese sind daher exakt zu beschreiben, es sei denn, man überlässt dem AN oder GU in der Wahl des Fabrikates einen gewissen Spielraum und vereinbart nur Qualitätsmerkmale.

Wer sich frühzeitig die richtigen Gedanken zur Vergabe für das Projekt überlegt und hier richtig den AG berät, kann Folgeschwierigkeiten minimieren und einen gesunden Grundstein im Projekt legen.

Nachfolgende Vorschriften zum Vergaberecht sind zu beachten:

- BGB, Bürgerliches Gesetzbuch (BGB 2019)
- VOB, Vergabe- und Vertragsordnung für Bauleistungen. Der Teil A behandelt das Angebots- und Vergabeverfahrens (VOB 2002)
- VOL, Vergabe- und Vertragsordnung für Leistungen (für Dienst- und Lieferleistungen)
- VgV, Verordnung über die Vergabe öffentlicher Aufträge unter Schwellenwert und die UVgO, Unterschwellenvergabeverordnung (Umsetzung der EU-Richtlinien 2016)
- Die VOF, Vergabeordnung für freiberufliche Dienstleistungen (VOF 2009), regelt die Vergabe an Architekten, Ingenieure und Rechtsanwälte.

Es ist nach dem Auftraggeber zu unterscheiden. Öffentliche Auftraggeber (Behörden, Städte etc.) müssen sich an die Schwellenwerte von Vergaben halten. Auftraggeber in der „freien Wirtschaft" können nach Belieben das Verfahren wählen, in der Regel die freihändige Vergabe.

Je nach Vergabeverfahren wird unterschieden in:

- *Beschränkte Ausschreibung*: Nur ein bestimmter Kreis von Bietern wird zur Abgabe von Angeboten aufgefordert.
- *Freihändige Vergabe:* Ist das am wenigsten Formstrenge Vergabeverfahren. Es sind offene Verhandlungen möglich, die Bieter können ausgewählt werden, sich im Gegenzug aber auch selbstständig bewerben. Private AG nutzen diese Art der Vergabe.
- *Öffentliche Ausschreibung* (nach VOB/A): Ein- oder zweistufiges Verfahren für Aufträge die unterhalb oder oberhalb des EU-Schwellenwertes liegen. Es wird unterschieden in:
  - **Nicht offenes Verfahren:** ein zweistufiges Vergabeverfahren für Aufträge die über dem EU-Schwellenwert liegen. Auswahl über einen Teilnahmewettbewerb, danach Aufforderung zur Abgabe eines Angebotes. Beinhaltet eine EU-weite Bekanntmachung.
  - **Offenes Verfahren:** Einstufiges Verfahren für Aufträge die oberhalb des EU-Schwellenwertes liegen. Beinhaltet eine EU-weite Bekanntmachung. Es gibt keine Teilnehmerbegrenzung.
  - **Verhandlungsverfahren:** darf nur unter bestimmten Voraussetzungen durchgeführt werden, daher hier nicht weiter beschrieben.

Die Schwellenwerte für öffentliche Vergaben sind im VgV und UVgO gem. EU-Richtlinie umgesetzt und können dort nachgeschlagen werden. Bei öffentlichen Vergaben sind auch das Verhandlungsverbot und das Gleichbehandlungsgebot zu beachten.

Öffentliche Vergaben unterliegen einer Reihe von Vergabegrundsätzen, diese sind in der VOB/A geregelt. Diese sind in der Abwicklung zu beachten und nicht immer einfach umzusetzen. Kurzgefasst:

- Veröffentlichungspflicht: Oberhalb des Schwellenwertes besteht eine europaweite Veröffentlichungspflicht für alle Vergabeentscheidungen. Daher ist der mitunter lange Terminvorlauf zu berücksichtigen.
- Gebot der Losvergabe: Es sollen mittelständige Unternehmen bevorzugt werden. Bei Vergabe an einen GU ist daher dieses vorab zu prüfen und abzustimmen.
- Gleichbehandlungsgebot: Alle Bieter, unabhängig der Nationalität, sind gleich zu behandeln. Die Auswahlkriterien sind vorab aufzustellen, müssen aber nachfolgendes Beinhalten:
  - Leistungsfähigkeit
  - Fachkompetenz
  - Zuverlässigkeit (Referenzen)
- Verhandlungsverbot: Nachverhandlungen oder sonstige vertragliche Änderungen sind grundsätzlich verboten.

Ist der AG zu einer Vergabe nach VOB/A verpflichtet, ist in Fachlosen auszuschreiben. Um eine GU Vergabe durchzuführen, ist die Zusammenfassung der Fachlose mit wirtschaftlichen und technischen Gegebenheiten zu begründen. Dieses gilt auch für die Vergabe als Einheitspreis- oder Pauschalvertrag (VOB/A § 4).

Bei der freien Vergabe kann der Bauherr (AG) nach zwei Varianten verfahren. Bei der Einzelvergabe, auch Fachlosvergabe genannt, erstellt der Architekt bzw. der haustechnische Fachplaner die Planung und schreibt die Leistung nach Einzelgewerken oder in Fachlosen, d. h. mehrere Gewerke werden zu einer Leistungsbeschreibung zusammengefasst, aus.

Beim Schlüsselfertigbau mit einem GU wird die Planung an diesen übergeben mit einer *Funktionalbeschreibung*, auch Baubuch oder Baubeschreibung genannt, der GU bewertet die Gesamtkosten und gibt ein Komplettangebot ab. Auch kann der AG einen GÜ mit der Planung und der Bauausführung direkt beauftragen. Dann erstellt der GÜ die Funktionalbeschreibung, die Grundlage der Ausführung wird.

Der Unterschied der Verfahren liegt in der Haftung. Bei einer schlüsselfertigen Vergabe haftet der GU für die Gesamtleistung bis Fertigstellung. Der GU kann einen *Festpreis,* auch *Pauschalpreis* genannt, anbieten. Dieser hat, vorausgesetzt die Leistung wird nicht geändert, bis zur Übergabe Bestand. Ein Detailpauschalvertrag basiert auf einer Ausschreibung in Form von Leistungsbeschreibungen, ein Pauschalvertrag auf Basis einer Funktionalausschreibung. Um einen Detailpauschalvertrag umzuwandeln in einen Pauschalvertrag, sind die Mengenansätze in den LV auf null zu setzen und vertraglich festzulegen, dass der Bieter die Massen eigenständig ermittelt hat. Ein sogenannter Global-Pauschalvertrag liegt vor, wenn der Bieter auch planerische Leistungen übernimmt.

Bei der Einzelvergabe kann es aufgrund von vergessenen Leistungen oder Schnittstellenproblemen in der Bauausführung zu Mehrkosten kommen. Dieses steht oft erst nach der Bauabwicklung fest. Eine Vorab-Einschätzung ist schwer möglich, der Projektleiter bzw. Architekt wird ein Budget für Unvorhergesehenes in diesen Fall einstellen bzw. vorhalten.

8.3 Die Vergabe- und Vertragsordnung (VOB)

Die VOB ist ein vom Deutschen Vergabe- und Vertragsausschuss für Bauleistungen erstelltes Regelwerk und soll die Vergabe und Abwicklung von öffentlichen Bauaufträgen vereinfachen. Dieses gilt auch für private Bauherrn. Die VOB ist kein Gesetz, sondern wie o. g. eine Verordnung und muss immer zwischen dem Bauherrn und den Bauausführenden als Vertragsbestandteil vereinbart werden. Wird kein VOB Vertrag abgeschlossen, gilt das Bürgerliche Gesetzbuch (BGB). Die VOB passt die Gesetzgebung des BGB an die Besonderheiten der Bauindustrie an.

Beispiel: Nach BGB ist der Werklohn erst nach mängelfreiem Abschluss der Arbeiten fällig. Da Bauvorhaben aber i. d. R. länger dauern, regelt die VOB, dass erbrachte Leistungen während der Bauphase abgerechnet werden können. Private Bauherren vereinbaren nur die Teile VOB/B und C. Öffentliche Bauherren vereinbaren alle Teile der VOB.

Die VOB wird in drei Teile gegliedert:

- **VOB/A:** Es werden die Abläufe der Vergabe von Bauleistungen geregelt. Diese Vergabeabläufe sind für öffentliche Ausschreibungen unbedingt einzuhalten. Private Bauherren müssen sich nicht an die VOB/A halten und können sogenannte freihändige Vergaben durchführen.
- **VOB/B:** Für den privaten Bauherrn ist dieser Teil relevant, da hier Regelungen über die rechtlichen Beziehungen der Baupartner und Aussagen über Art und Umfang der Leistung sowie die Vergütung geregelt sind. Abweichungen zur VOB/B sind immer vertraglich zu regeln, sind aber nur in „gewissem" Umfang zulässig. Hier ist dringend ein juristischer Beistand mit der Formulierung der Veränderungen bzw. Ausnahmen zu befragen, z. B. Gewährleistungszeitraum etc.
- **VOB/C:** Hier werden die sog. allgemeinen technischen Vertragsbedingungen, getrennt nach Gewerken, geregelt. Es werden Baustoffe und Bauteile und deren Ausführung definiert, auch Nebenleistungen und Hinweise zur Abrechnung werden gegeben.

In der Regel werden Werkverträge bei Grundlage einer freien Vergabe auf Basis der VOB Teil B und C vereinbart. Veränderungen zur VOB/B sind rechtlich im eingeschränkten Maße zulässig. So kann z. B. die Gewährleistungsfrist für unbewegliche und wartungsfreie Bauteile bis auf 5 Jahre verlängert werden. Geplante Vertragsveränderungen bitte immer von einem Baufachanwalt prüfen lassen.

> **Tipp**
> Bei der Auslegung der VOB/B sollten Sie umsichtig vorgehen, viele Sätze beinhalten „oder" anstatt „und" Regelungen, insbesondere bei Schadensansprüchen. Im Grunde genommen regelt die VOB nur die Beziehungen des Bauherrn und der Bauausführenden. So sind Formulierungen wie „unterstützen" und „gemeinsam" für mich selbstverständlich. Also keine Angst vor der VOB.

Die VOB ist immer dem AG als Vertragsanhang zu übergeben. Die Übergabe und Aufklärung über die Pflichten und Rechte des AG sollten vom Projektmanager bzw. Architekten protokolliert werden. Es ist davon auszugehen, dass der AG ein Bau-Laie ist und die Aufklärungspflicht liegt beim Steuerer und Architekten.

8.4   Leistungsbeschreibungen erstellen

Das Erstellen der Leistungsbeschreibungen ist die Schlüsselleistung bei der Vergabe. Die Art und Weise wie man ausschreibt hat erheblichen Einfluss auf die Kostenentwicklung. Die VOB und der Bieter möchten nach Möglichkeit eine genaue und detaillierte Ausschreibung erhalten bzw. erstellen lassen. Der Beauftragende (AG) hingegen möchte das günstigste Angebot einkaufen, wie dieses Ziel erreicht wird ist für ihn meist zweitrangig.

Leistungsbeschreibungen kann man heute mit CAD-Programmen (computer-aided design, dt. rechnerunterstütztes Konstruieren) und eigenständigen Ausschreibungsprogrammen einfach und schnell erstellen. Diese Programme haben bereits vorgefertigte Textbausteine.

Als Grundlage zur Vergabe bzw. zum Erstellen der Leistungsbeschreibungen dienen die nachfolgenden vorhandenen Planungsbausteine, diese sind ggfs. zu übernehmen und nachzubessern:

- Gewerke (Fachlose) bilden, z. B. Betonfertigteile und Rohbauarbeiten zusammenfassen
- Schnittstellenbestimmung zu anderen Gewerken
- Qualitäten: gem. Vertrag, Baubuch oder Raumbuch, Bemusterung
- Fabrikats-Vorgaben aus Bemusterung oder als gleichwertig ausschreiben
- Technisches Wissen zu den Gewerken, z. B. aus EnEV-Nachweis oder aus dem Material heraus, z. B. bei Fenstern: g-Wert, U-Wert, Reflexionsgrad etc.
- Planung: Planungsstand zum Zeitpunkt der Ausschreibung, Detaillierung je nach Planungsphase sehr unterschiedlich, z. B. Vorplanung, Bauantrag, Ausführungsplanung
- Terminabläufe, zeitliche Einordnung

Nachbesserungen oder Nachforderungen von fehlenden Anlagen erfolgen immer über den Projektsteuerer oder die Fachbeteiligten. Bitte beachten Sie, dass Nachforderungen von Bietern Zeit kosten und ggfs. das Vertrauen des AG in Sie bzw. Ihre Fachplaner schmälern. Daher immer auf Vollständigkeit achten bzw. wenn früh ausgeschrieben werden soll, ohne dass die Planung fertiggestellt ist, dieses mit dem AG abgestimmt ist.

Angebote können über zwei Arten von Abfragen generiert werden, der sogenannten *Funktionalleistungsbeschreibung* oder über *Leistungsverzeichnisse* (Kurzform LV), auch Leistungsbeschreibungen genannt.

Hinter der Entscheidung für die Funktionalleistungsbeschreibung für ein ganzes Projekt steht oft die fehlende Zeit, um Einzelbeschreibungen zu erzeugen. Hier muss der Bieter das Projekt bzw. die Leistung anhand von Beschreibungen und Plänen anbieten. Diese Form der Preisgenerierung ist nicht einfach, da oft bei den sehr unterschiedlichen Angeboten die Vergleichbarkeit fehlt. Auch können Nachtragsleistungen nicht anhand von bekannten und vorliegenden Einheitspreisen, wie diese in Leistungsbeschreibungen erzeugt werden, ermittelt und bewertet werden. Diese Form der Ausschreibung birgt Risiken für den Auftraggeber sowie für den Auftragnehmer. Es gilt, je genauer und unter Vorgabe von Produkten und Herstellern die Leistung beschrieben wird, desto weniger Diskussionen gibt es später in der Bauausführung. Die Beschreibung der Leistung in Form von Leistungsverzeichnissen und Produktdatenblättern ist daher zu bevorzugen, auch wenn die Leistung an einen Generalunternehmer (GU) als Paket vergeben werden soll.

Um die richtige Leistungsbeschreibung zu erstellen und um Einfluss auf die Kostenentwicklung im Angebot zu erhalten gibt es drei Wege auszuschreiben:

1. **Die kleinteilige und genaue Leistungsbeschreibung.** Ganz im Sinne der VOB/A werden alle Leistungen in Einzelpositionen umfänglich und kleinteilig beschrieben. Beispiel: Einlege Abhangdecke, aufgeteilt in Randwinkel, Unterkonstruktion, Zulage UK für hohen Deckenraume, Deckenplatten, Ausschnitte etc. Mehr Positionen führen zu mehr und höheren Einheitspreisen. Das ist auch logisch, da jede Leistung durch den Bieter in Material, Lohnstunden, Zuschläge etc. aufgeteilt wird.

2. **Leistungsbeschreibung mit Mischpositionen.** Die im Beispiel vor genannten Positionen werden zu einer zusammengefasst, Einheit Raumfläche in m². Die Ausschnitte werden wie folgt beschrieben: „inkl. der erforderlichen Ausschnitte in Deckenplatten für Down Lights, Fluchtwegpiktogramme etc.". Das ist ausreichend genau genug und fair, da keine Leistung verschwiegen wird. Diese Form der Ausschreibung erzeugt eine Mischkalkulation beim Bieter und führt i. d. R. zu günstigeren Einheitspreisen.

3. **Funktionale Einzelpositionen.** Die Beschreibung erfolgt mehr funktional als in Einzelpositionen. Hier muss der Bieter mehr oder weniger die Leistung und den Umfang anhand von Beschreibungen definieren. Auch Weglassen von Leistungen unter dem Titel „Komplettleistung" ist üblich. Der Ausschreibende verfolgt das Ziel, dass der Bieter Leistungen nicht bewertet bzw. erkennt, die später

als Sowieso-Leistung abverlangt werden. Hier gilt ebenfalls, je genauer die Beschreibung, desto fairer für die Beteiligten. Denn nicht definierte Schnittstellen führen zu Missverständnissen und Diskussionen auf der Baustelle.

Detailskizzen und –pläne, die in die Positionen eingefügt werden, verdeutlichen oft das geschriebene Wort. Es gehört viel Bauerfahrung dazu, um eine vollständige und gute Leistungsbeschreibung zu erstellen.

> **Tipp**
> Kopieren Sie sich gute und bewährte Vorlagen und legen Sie ein Archiv an. Das erleichtert das Ausschreiben bei neuen Aufgaben.

Stimmen Sie sich über die Art und Weise der Ausschreibung mit Ihrem AG ab. Öffentliche Bauherren sind an die Vorgaben der VOB/A gebunden, in der „privat" Bauwirtschaft ist erlaubt was der Kunde möchte, d. h. ggfs. auch als Funktionalausschreibung. Beachten Sie, dass Sie die Aufklärungspflicht gegenüber dem AG haben. So vermeiden Sie doppelte Arbeit bzw. Missverständnisse.

Nun noch einige Anmerkungen zu der Aufteilung von Vergabelosen und Gewerken. Über die Zusammenfassung von Leistungen und Gewerken (Fachlosen) kann man Schnittstellen vermeiden bzw. vereinfachen für den Baustellenablauf. Es macht oft keinen Sinn Gewerke, die leistungstechnisch zusammengehören zu unterteilen. Nachfolgend einige Beispiele:

- Erdbau, Außenanlagen (d. h. Fahrwege etc.) und Entwässerung (unter Bodenplatte und in Außenanlagen)
- Rohbau und Betonfertigteile inkl. Verlege-Leistung
- Außentüren und Fenster
- Trockenbau, Innentüren und Abhangdecken
- Estrich und Oberboden

Bei diesen Gewerken können zusammengefasste Vergaben zu besseren Preisen und weniger Schnittstellen führen. Bei den haustechnischen Gewerken ist das anders. Die Praxis hat ergeben, dass diese Gewerke in Einzelvergaben günstiger einzukaufen sind als gegenüber einer Vergabe an einen haustechnischen GU. Die HLSKE-Gewerke (Heizung-Lüftung-Sanitär-Kälte-Elektro) können unterteilt werden in:

- Heizung/Warmwasser
- Sanitär (Leistung ab Oberkante Bodenplatte) Abwasser- und Trinkwasserleitungen, Nassraum Ausstattung
- Lüftung

- Kälte
- Mess-, Steuer- und Regeltechnik (MSR) bzw. Gebäudeautomation (GA)
- Elektro
- Brandmeldeanlage (BMA)
- Blitzschutz und Potenzialausgleich

Bei öffentlichen Bauaufträgen sind die Empfehlungen des DVA (Deutsche Vergabe- und Vertragsausschuss für Bauleitungen, auch Deutscher Verdingungsausschuss genannt) zu beachten. Hier werden z. B. Vorschläge gegeben welche Leistungsbereiche, d. h. Gewerke, zusammengefasst werden können.

Sollten einige Firmen auch mehrere Angebote abgeben wollen, können diese LV ggfs. zusammen verhandelt und vergeben werden. So werden die Leistungen Elektro und die BMA meist zusammenvergeben, da Sie die gleichen Verlege-Trassen nutzen.

Für die Ausschreibung selbst sind durch die Anwenderprogramme die Gliederung und die Bezeichnungen der Positionen vorgegeben. Innerhalb des LV sind die Leistungen nach Bauteilen oder Bauabschnitten zu gliedern. Eine Ausschreibung beinhaltet folgende Teile:

- Vorbemerkungen: Angebotsdeckblatt, kurze Baubeschreibung
- Vertragliche Vorbemerkungen, werden unterschieden in:
  - Vertragsbedingungen (vorformulierte Vertragsbedingungen werden AGB, *allgemeine Geschäftsbedingungen,* genannt)
  - zusätzliche Vertragsbedingungen (ZVB), beschreibt Ergänzungen zur VOB/B
  - Besondere Vertragsbedingungen (BVB), regeln Abweichungen zur VOB/B und VOB/C
  - allg. technische Vertragsbedingungen (ATV), VOB Teil C
  - zusätzliche technische Vertragsbedingungen (ZTV), i. d. R. Bezug auf DIN-Normen
  - Nebenbedingungen (das Kleingeduckte des Bauherrn oder GU)
- Leistungsbeschreibung, bestehende aus drei Positionsarten:
  - Position: Beschreibung der Leistung.
  - Zulage Position: Bezeichnen Mehraufwendungen oder Abweichungen in Teilbereichen der Leistung für die Hauptposition.
  - Bedarfsposition: Es wird der Einheitspreis für eine optionale Leistung oder eine Veränderung der Leistung in der Bauausführung abgefragt, z. B. Mehrstärke Beton um ± 1 cm. Es wird nur der Einheitspreis ausgeworfen, der Gesamtpreis geht nicht in die Summenaddition ein.
- Weitere Angaben oder Anlagen: Planungsunterlagen (Pläne), Berechnungen, Baubeschreibungen, Bodengutachten (für Erdbau), Musterangaben etc.

Gute computergestützte Ausschreibungsprogramme enthalten bereits vorbereitete Textbausteine für die AGB, ZBV, BVB und ATV. Lassen Sie diese ggfs. durch Ihren Bauherrn oder seinen Rechtsbeistand prüfen. Sollte der AG diese Aufgabe an Sie delegieren, bestehen Sie auf eine Rechtsprüfung oder weisen Sie auf die möglichen Folgen hin. Ein GU/GÜ prüft diese Unterlagen selbstständig.

Das Zusammenstellen erfordert viel Zeit, insbesondere da die meisten Unterlagen durch die Fachplaner beigesteuert werden. Diese können gescannt und in einer PDF-Datei zusammengefasst werden. Leistungsverzeichnisse werden zusätzlich als sogenannte *GAEB-Datei* erzeugt, damit diese vom Bieter eingelesen und bearbeitet werden können. Daher immer beides versenden.

Planunterlagen in Papierform werden kaum noch versendet. Daher sich vorher mit dem Bieter abstimmen, ob er die Plandateien als PDF oder DWG einlesen möchte. DWG-Dateien können zur Massenermittlung genutzt werden. Stimmen Sie sich hierzu rechtzeitig mit dem Bauherrn, Architekten und Fachplaner ab. Oft wird die Rausgabe von DWG-Dateien aus Datenschutzgründen nicht zugelassen

Wie vor bereits erwähnt, legen Sie fest wer die Unterlagen erstellt, zusammenfasst und versendet. Stimmen Sie auch die korrekten, einheitlichen Bezeichnungen (z. B. Name Bauvorhaben etc.) und Anschriften ab.

8.5   Die Vergabegespräche

Bei der freien Vergabe können nach Belieben Bieter- und Aufklärungsgespräche geführt werden. Um die Angebote zu verhandeln und bautechnisch durchzusprechen, sind *Vergabegespräche* mit den Bietern zu führen. Da diese i. d. R. sehr zeitaufwendig sind, werden meist nur die drei günstigsten Bieter eingeladen. Die Gespräche können von einer Stunde für einfache Gewerke und bis zu sechs Stunden und mehr für komplexe Leistungen dauern.

Alternativangebote können zudem im Rahmen der Vergabegespräche geklärt werden, voraussetzt es handelt sich um eine freihändige Vergabe.

Bei der freien Vergabe kann der Ausschreibende alternative Leistungen mit anfragen. Der Bieter kann in der Angebotslegung seinerseits Alternativen vorschlagen. Diese sind dann nachträglich zu bewerten und können Vertragsgrundlage werden. Alternativen haben meist aber nur dann eine Chance, wenn Sie dem AG auch preisliche Vorteile bringen.

Bei der öffentlichen Vergabe sind keine Bietergespräche und Nachverhandlungen zulässig. Es gilt einzig der Inhalt der Leistungsbeschreibung und das darauf abgegebene Angebot des NU. Es sind im VOB/A Verfahren Fristen bei der Bekanntmachung, Versand und Angebotsabgabe zu beachten. Die Öffnung und Feststellung der Angebotshöhe erfolgt in einer „Submission" (VOB/A § 14a), auch Angebotseröffnungstermin genannt, hier werden die Angebote vor Zeugen geöffnet. Dieser Termin wird bei Angebotsanfrage bekanntgeben und die Bieter können am Termin anwesend sein. Die Angebote werden in eine Liste eingetragen. Nach der *Zuschlagsfrist*, i. d. R. weniger als 30 Tage, erfolgt der Zuschlag. Innerhalb dieser Frist werden die Angebote auf Vollständigkeit und

Rechenfehler überprüft. Der Bestbietende, d. h. der günstigste oder das wirtschaftlichste Angebot, erhält den Zuschlag/Auftrag.

In den Vergabegesprächen ist ein *Vergabeprotokoll* (auch technisches Vergabe-protokoll) zu führen. Hier können die Veränderungen oder Ergänzungen zu Einzel-positionen etc. festgehalten werden. Das Vergabeprotokoll ist als Anlage zum Werkvertrag zu vereinbaren, die hier besprochenen Leistungen werden Vertragsbestand-teil. Bei einer Pauschal- und Einzelvergaben hat der Bieter oder NU diese Besprechungs-inhalte zu bestätigen bzw. bei Veränderungen preislich zu bewerten.

In der HOAI ist das Mitwirken bei der Vergabe in der Leistungsphase 7 beschrieben. Bei GU Vergaben vergibt nicht der Architekt oder Fachplaner die Leistung, sondern der Projektsteurer des GU. Die Fachplaner haben aber eine Mitwirkungspflicht, da die z. B. haustechnischen Leistungsbeschreibungen durch diese erstellt wurden und somit in den Gesprächen die Fachplaner die Leistung erläutern und ggfs. Veränderungen direkt abstimmen können.

Nachfolgendes ist bei der Erstellung von Vergabeprotokollen zu beachten:

- Gewerk und Bauabschnitt ist zu benennen
- Teilnehmer sind aufzuführen
- Es ist anzumerken, dass das Protokoll gemeinsam und als Mitschrift (handschriftlich oder mit Computer) im Gespräch erstellt wurde
- Es ist darauf hinzuweisen, dass das Protokoll bei Beauftragung Vertragsbestandteil wird.
- Es ist zu erwähnen, dass der Bieter das Baugrundstück begangen und in Augenschein genommen hat. Und auch aufzunehmen, wenn der NU dieses nicht getan hat.
- Bauablauf ist darzustellen und zu besprechen, wichtig bei Bauen mit Bauabschnitten.
- Leistung ist zu besprechen, Schnittstellen herauszuarbeiten, Veränderungen festzu-halten.
- Bei Veränderungen von LV–Positionen sind diese festzuhalten. Betrifft auch Mengen und Einzelpreise.
- Bei Pauschalaufträgen ist darauf hinzuweisen, dass der Bieter die Massen eigen-händig überprüft hat und diese bestätigt oder eigenverantwortlich angepasst und berücksichtigt hat.
- Kann der Bieter im Termin Veränderungen nicht bewerten, ist ein Termin festzuhalten bis wann diese übergeben werden.
- Termine sind zu besprechen.
- Protokoll(e) ist/sind unterschreiben zu lassen vom Bieter und Kopie der Mitschrift ist zu übergeben.
- Bleiben Sie transparent, das schafft Vertrauen!

In den Vergabegesprächen wird i. d. R. auch der Werkvertrag durchgesprochen bzw. zur Überprüfung als Kopie ausgehändigt. So kann im Auftragsfall kurzfristig die Vergabe erfolgen ohne weitere Gespräche.

Im Rahmen der Vergabegespräche sind NU-Bescheinigen abzufragen. Hierzu zählen:

- Auszug aus dem Gewerberegister (nicht älter als 3 Monate)
- Handelsregisterauszug
- Eintragung in die Handwerksrolle oder Bestätigung der IHK
- Gewerbeanmeldung
- Unbedenklichkeitserklärung vom Finanzamt
- Freistellungserklärung § 48 b EstG (Einkommensteuergesetz)
- Unbedenklichkeitsbescheinigung der Berufsgenossenschaft (nicht älter als 6 Monate)
- Unbedenklichkeitserklärung der Einzugsstellen (Krankenkasse)
- Bestätigung der Betriebs-Haftpflicht-Versicherung mit Versicherungsbestätigung, d. h. Auslaufen des Versicherungszeitraums mit Angabe der Deckungssumme
- Unbedenklichkeitserklärung der zuständigen Sozialkasse
- Firmenselbstauskunft
- Ggfs. Referenzliste dreier Objekte mit Ansprechpartner und Telefonnummer

Dieses dient als Absicherung, dass der NU der Aufgabe und seiner Selbstorganisation gewachsen ist. Eine 100 % Sicherheit zur Bonität und der Leistungsfähigkeit haben Sie bei einem unbekannten NU nie.

8.6   Die Beauftragung, Verträge

Die Planungsbeteiligten und der Projektsteuerer wirken bei der Vergabe und Beauftragung mit. Das heißt, dass diese Beteiligten i. d. R. nicht selbst beauftragen. Diese erfolgt durch den Auftraggeber und Bauherrn oder seinem Vertreter. Anders ist es bei Generalunternehmern und Generalübernehmern, hier beauftragt der Projektsteuer (des GU/GÜ) die Leistung im Namen des GU/GÜ.

Beauftragt der Bauherr selbst, wird ihm die Auswertung der Vergabegespräche zur Verfügung gestellt mit einer Empfehlung, welcher Bieter zu beauftragen ist. Diesen Vorgang nennt man auch Vertragsmanagement. Dieser Empfehlung muss der Bauherr nicht folgen. Kommt aber der günstigste Bieter nicht zum Zug, sind mögliche Kostenveränderungen nicht durch die Erfüllungsgehilfen zu vertreten und das Baubudget ist ggfs. anzupassen.

Im Vorfeld ist daher zu klären, wer beauftragt. Auch Bauherrn können aus mehreren Personen oder Abteilungen bestehen.

Es gibt verschiedene Vertragsmöglichkeiten für Bauverträge:

- **Pauschalpreisvertrag:** Die Leistung wird pauschaliert, d. h. der Bieter (NU) gibt einen Festpreis ab. Eine Veränderung der Vergütung bei gleichbleibender Leistung ist durch den NU nachzuweisen. I.d.R. wird aber vereinbart, dass der NU die Massen vor Preisfindung eigenständig prüft > Risikoverschiebung. Bei Auftragsveränderung hat der NU einen Anspruch auf Nachbesserung der Vergütung. Zur Abrechnung bzw. Vergütung wird kein Aufmaß erstellt, die Abrechnung erfolgt pauschal nach vorher vereinbarten Zahlungszielen, z. B. Fertigstellung Rohbau 25 % der Auftragssumme etc. Beachten Sie die Abstufung: Global-Pauschalvertrag, Pauschalvertrag und Detail-Pauschalvertrag (siehe hierzu unter „Formen der Vergabe").

TIPP

Ein Pauschalvertrag ist nur so gut wie seine Unterlagen und Beschreibungen sind, die ihm zugrunde liegen. Sind diese unvollständig, kann es zu Kostennachforderungen kommen > Preisanpassung.

- **Einheitspreisvertrag:** Der Auftrag kommt auf Basis der Ausschreibung und den Veränderungen aus dem Vergabegespräch (schriftlich festhalten) zustande. Die Vergütung erfolgt auf Basis der tatsächlichen verbauten Massen, man nennt das die leistungsabhängige und leistungsbezogene Abrechnung. Da die Massen i. d. R. vor Vergabe nicht durch den NU geprüft werden, kann es bei mangelhafter Ausschreibung zu Kostenveränderungen kommen.
- **Stundenlohnvertrag:** Abrechnung nach Stundenaufwand. Sollte nicht zur Anwendung kommen, da die Arbeitszeiten kaum zu überprüfen sind. Auch eine Kostenabschätzung im Vorfeld ist nicht möglich. Stundenlohnarbeiten werden i. d. R. nur bei Veränderungen auf der Baustelle ausgeführt, daher wird bei allen Leistungsbeschreibungen der Preis/je Stunde für Vorarbeiter, Mitarbeiter und Helfer mit abgefragt.

TIPP

Legen Sie auf der Baustelle fest, wer die Stundenlohnarbeiten beauftragen darf. Oft weiß der Projektleiter nicht was der Bauleiter unterschrieben hat.

Viele Bieter legen ihren Angeboten ihre eigenen Lieferbedingungen bei. Diese basieren auf den Firmeneigenen AGB und enthalten auch oft Klauseln für Zahlungen, d. h. Vorauszahlungen (z. B. nach Beauftragungen, bei Lieferungen etc.). Diese Lieferbedingungen unbedingt prüfen und wenn möglich durch eigene AGB etc. ersetzen, da Sie den Besteller, also AG, benachteiligen. Es gilt: Der AG oder stellvertretend Sie vergeben, d. h. geben die Rahmenbedingungen vor.

Oftmals sind zum Zeitpunkt der Beauftragung noch nicht alle rechtlichen Voraussetzungen geschaffen, z. B. fehlende Baugenehmigung. In diesen Fällen kann eine sogenannte Austrittsklausel vereinbart werden. Wichtig ist hier ein Datum zu nennen, bis wann der AG zurücktreten kann ohne das Kosten auf Seiten des NU ausgelöst werden.

Beauftragungen „dem Grund nach" sind hingeben Beauftragungen. Die VOB/B § 2 Abs. 8 nennt das Leistungsausführung ohne Auftrag. Dieses kann aufgrund dringender Maßnahmen auf der Baustelle vorkommen. Die Vergütung ist in diesen Fällen nachträglich zu vereinbaren. Ein solche oder eine mündliche Beauftragung ist unbedingt zu vermeiden.

Bitte beachten Sie, dass die Vergabe bzw. Beauftragung vollständig erfolgt. Hierzu zählt auch die Baustelleneinrichtung für das eigene Gewerk, der Umgang mit Bauabfällen und die Reinigung der Baustelle. Bei Vergabe können Sie diese Leistungen noch zum NU verschieben. Wird dieses vertraglich vergessen, führt das zu Mehraufwendungen in der Bauleitung (Müllmanagement) und zu Mehrkosten, die Sie an auf alle Beteiligten umlegen müssen, natürlich begründet und somit rechtlich abgesichert.

Für Leistungen, die der AG stellt, z. B. allgemeine Baustelleneinrichtung wie Baustrom, Bauwasser, WC-Einrichtungen etc. kann der AG eine Nutzungsgebühr verlangen, diese wird pauschaliert als *Baustellenumlage* bei Stellung der Schlussrechnung in Abzug gebracht. Diese wird i. d. R. als prozentuale Pauschale, 1 bis 1,5 % von der Auftragssumme, errechnet. Die Zulässigkeit einer Baustellenumlage ist juristisch nicht final geklärt, oft wird diese als unwirksam bezeichnet, beachten Sie hierzu die unterschiedlichen Rechtsauffassungen. Sollten Sie keine Baustellenumlage vereinbaren können mit dem NU, ist für die Nutzung von Baustrom und -wasser ggfs. ein geeichter Zähler zu vereinbaren, d. h. der NU vergütet den tatsächlichen Verbrauch.

Zu guter Letzt: Preisveränderungen, Nachlässe und Skonto-Regelungen sind schriftlich zu vereinbaren. Unterschriftenregelungen, klären Sie vorab wer den Vertrag unterschreiben darf, dieses gilt sowohl für den Bauherrn, das Projektteam und natürlich den NU.

Literatur

BGB Bürgerliches Gesetzbuch, Fassung 21. Dezember 2019.
DVA, Deutsche Vergabeausschuss für Bauleistungen.
HOAI, 2013, Verordnung über die Honorare für Architekten und Ingenieurleistungen.
UVgO, 2016, Unterschwellenvergabeverordnung.
VgV, 2016, Vergabeverordnung.
VOB, 2002, Vergabe- und Vertragsordnung für Bauleistungen.
VOF, 2009, Vergabeordnung für freiberufliche Leistungen.
VOL, Vergabe- und Vertragsordnung für Leistungen.

Kosten und Vergütung 9

Das Projektmanagement steht für den Erfolg eines Bauvorhabens. Um Erfolg zu haben, muss das Kostengerüst maßgeschneidert sein, kurz die Zahlen müssen passen. Bevor ein Projekt zur Ausführung kommt, hat es bereits mehrere Stadien der Kostenermittlung hinter sich. Wichtig ist hier die Unterscheidung auf welcher Seite Sie als Projektmanager tätig sind. Je nach beauftragender Seite, z. B. Bauherr oder Generalplaner, haben Sie unterschiedliche Aufgaben in der Darstellung und Steuerung der Kostenentwicklung.

9.1 Die Darstellung der Kosten

Die *Kostenermittlung* im Hochbau wird in der Regel nach DIN 276 (DIN 276, 2018) ausgeführt. Die Norm legt mit ihren Begrifflichkeiten und Unterscheidungsmerkmalen wichtige Grundlagen für die Kostenplanung und ·für den Bausektor insgesamt. In der DIN 276 wird unterschieden in die *Kostenschätzung* (KOSE) und in die *Kostenberechnung* (KOBE). Die Aufteilung der Gewerke erfolgt in sogenannte *Kostengruppen* (KG). Es wird in 7 Kostengruppen unterschieden, KG 100 bis 700. Planer, Fachplaner, Behörden und die meisten Bauherren möchten die Projekt-Kostenermittlung nach DIN 276 dargestellt wissen.

Die Kostenplanung im Projektablauf ist in der DIN 276 vorgegeben. Diese sieht im Vergleich zur HOAI wie folgt aus (die Leistungsphasen [LP] entsprechen der HOAI 2013):

- Kostenrahmen: Kostenschätzung auf Basis z. B. BGF-Flächen
- LP 1 Vorplanung: Kostenschätzung (über BGF-Flächen oder Vergleichsobjekten)
- LP 2–3 Entwurf: Kostenberechnung
- LP 4 Bauantrag: Kostenberechnung, Kostenkontrolle über vorl. Planung

S. Schirmer, *Bau-Projektmanagement für Einsteiger,* https://doi.org/10.1007/978-3-658-30844-5_9

- LP 5 Ausführung: Kostenanschlag (mit ggfs. Einarbeitung Bieterangebot)
- LP 8 Fertigstellung: Kostenfeststellung (Abrechnung)

Als Bauwerkskosten werden die Kosten der Kostengruppen 300 und 400 bezeichnet, d. h. Bauwerk/Gebäude und (haus-)technische Ausstattung.

Die Flächen bzw. die anrechenbaren Grundflächen und Rauminhalte zur Kosten-ermittlung werden in der DIN 277-1 definiert.

Abweichungen in der Entwicklung der Kosten sind nach DIN 276 zulässig. Hierzu gibt es viele Sichtweisen in der Auslegung, die DIN 276 gibt als Toleranzgrenze nach-folgende Werte an:

- Vorvertragliche Kostenschätzung bis gesamt 40 %, d. h. $\pm$ 20 %
- Vorplanung/Kostenschätzung bis gesamt 30 %, d. h. $\pm$ 15 %
- Entwurfsplanung/Kostenberechnung bis gesamt 20 %, d. h. $\pm$ 10 %
- Ausschreibung/Kostenanschlag bis gesamt 10 %, d. h. $\pm$ 5 %
- Abrechnung/Kostenfeststellung 0 %

Als Grundlage zur Kostenermittlung werden in der DIN 276 sogenannte *BKI-Baupreisindex* Kosten, d. h. statisch ermittelte Kosten bzw. Kostengruppen, ver-wendet. Das BKI-Zentrum (Baukosteninformationszentrum Deutscher Architekten-kammern) wurde von den Architektenkammern aller Bundesländer gegründet, um aktuelle Daten zur Kostenermittlung zu entwickeln und anzuwenden. Es werden abgerechnete Projekte zu Neubauten, Altbauten etc. ausgewertet.

Generalübernehmer und –unternehmer hingegen wenden die DIN 276 und BKI-Kosten kaum an. In der Regel verfügen diese Unternehmen über eigene auf die Bedürfnisse der Unternehmensstruktur zugeschnittene Kalkulations- und Kosten-ermittlungsprogramme. Diese Unternehmen machen die Kostenstruktur oft nicht trans-parent und geben daher die Kosten als einen Gesamtpreis (auch Pauschal- oder Festpreis) an.

Auf Nachfrage wird dieser Preis dann i. d. R. unterteilt in:

- Rohbauarbeiten (KG 300 Bauwerk)
- Hüllengewerk (KG 300 Bauwerk)
- Ausbaugewerk (KG 300 Bauwerk)
- Techn. Gebäudeausstattung (KG 400 Technische Anlagen)
- Außenanlagen (KG 500 Außenanlagen)
- Honorare (KG 700 Baunebenkosten)

Die restlichen Kostengruppen (KG 100–200 und 600) werden nicht dargestellt, da diese im Budget des AG liegen. *Sonderkosten*, wie z. B. eine Bodenverbesserung (Sonder-gründung), werden oft separat dargestellt. Hier ist ggfs. mit dem AG abzustimmen in welcher Kostengruppe diese eingeordnet werden. Oftmals wird diese in die KG 300 aufgenommen.

Bei Kostenangaben gegenüber Dritten ist immer der Hinweis auf die Umsatzsteuer anzugeben, d. h. netto oder brutto Kostenbenennung. Hier kommt es oft zu Missverständnissen in der Lesart. Baukosten und Angebote werden bei nicht öffentlichen Projekten immer netto mit dem Hinweis „zzgl. geltenden MwSt." angegeben.

9.2 Kostenermittlung

Die Kostenermittlung wird auch Kalkulation oder Kostenberechnung genannt, nicht zu verwechseln mit dem Budget. In den Budget-Kosten werden auch die Kosten des Bauherrn aufaddiert, d. h. Grundstückskaufkosten, Nebenleistungen wie Ausstattung etc. oder als Budget bezeichnet man auch die zur Verfügung stehen Projektkosten. Im Bau-Budget werden die Projektkosten verwaltet und nachgeführt. Dieses kann je nach Sichtweise unterschiedlich erfolgen, d. h. der Bauherr führt alle seine Kosten weiter, der Generalunternehmer nur die Ihm beauftragten Leistungen.

Klären Sie als Projektmanager Ihren Zuständigkeitsbereich. Was ist nachzuhalten und für wen? Wenn Sie für den Bauherrn das Kostenmanagement übernehmen, ist abzustimmen wie weit Ihr Einfluss bzw. Ihre Zuständigkeit reicht. Denn wer Kosten auslöst haftet auch für diese. Daher immer die Vertragsgrundlage und Haftung klären vor Annahme eines Auftrages.

Um Kosten zu ermitteln gibt es verschiedene Möglichkeiten:

- Schätzung über Gebäudekennwerte und Flächenansätze, Entspricht der LP 1.
- Schätzung über eine überschlägige Gewerke-Kostenermittlung, d. h. es werden Flächen- und Massenansätze errechnet und mit Mischpreisen beaufschlagt, entspricht der LP 4.
- Kostenberechnung über Ermittlung der realen Flächen und Massen belegt mit *Einheitspreisen* (z. B. in EUR/St oder EUR/m^2 netto). Entspricht LP 5 bis 8.

Die Einheitspreise hierzu können unterschiedlich gebildet bzw. erzeugt werden:

- Genauer Einzelpreis, d. h., Leistung wird in die Arbeitsschritte zerlegt, die jeweils einzeln bewertet werden.
- Mischpreise, d. h. Einzelleistungen werden zu einem Preis zusammengezogen, z. B. Estrich inkl. Dämmung etc.
- Archivpreise: Es werden bekannte Kosten eingesetzt, bekannt aus ähnlichen Bauleistungen und in einem Zentral-Archiv gesammelt.
- Preisanfrage: Es werden Nachunternehmer angefragt, um den Preis zu ermitteln. Entweder erfolgt die Anfrage funktional, d. h. auf Basis von Plänen und Beschreibungen,

oder es wird eine Leistungsbeschreibung erstellt, auf die der NU seine Einheitspreise bildet.

- BKI-Baukosten, hier werden Einheitspreise von Bauteilen dargestellt. Meisten sind die nach BKI ermittelten Kosten ungenauer, als wenn diese wie vor beschrieben gebildet werden. Daher wird ein GU nicht auf BKI Basis kalkulieren.
- Beachten Sie auch, dass der GU auf die Herstellkosten, d. h. Lieferungen von Leistungen, einen sogenannten Aufschlag erhebt, d. h. für Wagnis und Gewinn, Gewährleistung, Leistungen wie Bauleitung, kaufmännische Leistungen etc. Dieser Aufschlag kann von Firma zu Firma unterschiedlich sein. I. d. R. reicht dieser von 10 bis 20 %.

Den richtigen Preis zu finden ohne Kostenangebot ist oft nicht leicht. Doch Sie können die Abweichung mit nachfolgenden Überlegungen eingrenzen:

- Der Preis ist immer ein Verhältnis von **Menge/Masse, Einheitspreis** und **Vollständigkeit.**
- Je genauer die Mengen errechnet und eingesetzt werden, desto differenzierter und genauer müssen der Einheitspreis und die Vollständigkeit der Positionen sein.
- Werden Mengen überrechnet, kann der Einheitspreis auch ein Mischpreis der Leistungen sein, die Vollständigkeit ist nun im Verhältnis zum Mischpreis zu sehen, d. h. was beinhaltet dieser?
- Wenn Sie Preisauswertungen und Statistiken über Preise aus voraus gegangenen Projekten ermittelt haben, fällt Ihnen die Einschätzung einfacher. Z. B. Estrich-Leistungen mit 65 mm Stärke inkl. Dämmung, Einheitspreis ca. 18 bis 24 EUR/m^2. Wenn Sie die Quersumme der Einzelermittlung durch die Fläche vornehmen, können Sie die Kosten abgleichen.
- Gebäudeherstellkosten für Büro-, Wohn- oder Industriegebäude als m^2-Ansatz helfen bei der späteren Gesamteinschätzung. Diese können Sie wiederum aus bereits erstellten Kalkulationen, aus schlussgerechneten Projekten oder BKI-Baukosten ermitteln.

Tipp

Wie auch immer Sie vorgehen, ein von Ihnen geführtes Kosten-Archiv macht Sinn. So können Sie Angebot auswerten und ihre eigenen Einheits- oder Mischpreise bilden. Auch ganze Bauvorhaben bzw. Gebäudekosten können Sie so auswerten und m^2-Preise je Gebäudetyp, z. B. Wohn-, Büro- oder Hallengebäude, bilden.

Das Archiv sollte in Form und Darstellung Ihrer Budget- oder Kalkulationsgrundlage entsprechen, so können Sie einfacher die Zahlen heraussuchen und übernehmen.

Auch wenn Sie nicht selbst kalkulieren bzw. die Preise festlegen, sollten Sie als Projekt-manager und Kontroll-Organ des Bauherrn oder Ihres Auftraggebers ein Grundwissen in der Preisgestaltung und von Kosten haben. Projekte und Leistungen werden über den Preis entschieden. Um hier Entscheidungen herbei zu führen, ist Kostenwissen erforder-lich.

Beispiel für eine Schätzung über Grobkennwerte:

- Bürogebäude, beispielhafte Auf-Addierung der nachfolgenden Kostenansätze (Kostenansätze sind beispielhaft frei gewählt):
  - BGF Flächenansatz 1000 m^2 × ca. 1500 EUR/m^2 netto Kostenansatz = 1,50 Mio. EUR (Herstellkosten inkl. KG 300 und 400)
  - BGF Außenanlagen 1000 m^2 × ca. 120 EUR/m^2 netto Kostenansatz = 0,12 Mio. EUR (Herstellkosten befestigte und unbefestigte AAL KG 500)
  - Planungskosten (KG 700) in Höhe von ca.:   = 0,50 Mio. EUR
  - Gesamtkosten Herstellkosten netto (ohne Nebenleistungen)   = 2,11 Mio. EUR

Die Kostenansätze kann man für die KG 300 und 400 weiter aufschlüsseln, hier ein Bei-spiel für ein Bürogebäude, aufgeteilt nach Baulosen, entspricht nicht der Aufteilung nach Kostengruppen (ohne Anspruch auf Richtigkeit, Nettokosten). Beispiel dient der Ver-deutlichung von Kostenansätzen, abhängig von Ausstattungsqualität, Umfang des Aus-baus (z. B. kleinteilige Aufteilung) und der haustechnischen Ausstattung, Abb. 9.1:

Die Erd- und Rohbauarbeiten werden auch als „Rohbau" bezeichnet. Wie in der Auf-stellung erkennbar ist, machen im Bauwesen wenige Gewerke-Gruppen einen Großteil der Kosten aus. Insbesondere fünf Gewerke machen ca. 70 bis 75 % der Herstellkosten eines Projektes aus (Erfahrung Autor, ohne Gewähr). Diese sind:

- Erdbauarbeiten: Erdaushub, Entsorgung etc.
- Rohbauarbeiten: Beton inkl. Bewehrung, Betonfertigteile, Mauerwerk etc.
- Metallbauarbeiten: d. h. Fenster und Türen
- Fassadenarbeiten. Preis abhängig je nach Fassadenmaterialität
- Haustechnische Gewerke: machen zwischen 23 bis 50 % der Herstellkosten aus.

Gewerk	BGF Kosten €/m²	Anteil in ca. %	Bemerkungen
Erd- und Rohbau	300,00 – 350,00	22	inkl. Baustelleneinrichtung
Hülle: Dach/Fassade	300,00 – 350,00	22	inkl. Gerüst
Innenausbau	250,00 – 300,00	17	ohne Möblierung
Haustechnik	400,00 – 550,00	33	inkl. Regenentwässerung
Planung / Honorare	90,00 – 100,00	6	AF-Planung, Gutachter

Abb. 9.1 Darstellung von Kosten, beispielhafte Kostenansätze

Die Ausbaukosten beeinflussen kaum den Gesamtpreis. Dieses ist nur anders bei einem hochwertigen Ausbaustandard, wie z. B. Systemtrennwänden, d. h. vorgefertigte Ausbauwände mit viel Glasanteil. Sonderkosten wie Sondergründung, Geländeauffüllungen etc. werden immer gesondert betrachtet.

Tipp

Achten Sie auf die Fünf Haupt Kostentreiber. Diese Kosten sind in der Zusammenstellung und bei der Vergabe besonders wichtig. Werden hier die Kosten überschritten, ist das Projekt schwer im finanziellen Rahmen zu halten.

Zu guter Letzt, nachfolgend eine Musterdarstellung wie Einheitspreise errechnet werden:

Einzelkosten Material in cbm, m, qm (m^2) etc., inkl. Transport (EKT)
Einzelkosten Mitarbeiter in Stunden (MA)
Baustellengemeinkosten (BGK), z. B. Bürocontainer, Bauleiter etc.
- Summe Herstellkosten (HK)
+
Allgemeine Geschäftskosten (AGK) = Miete etc.
Bauzinsen (BZ) durch Kreditaufnahme bis Vergütung
- Selbstkosten (SK)
+
Wagnis und Gewinn (W + G), Wagnis steht für Haftung und Gefahr
- **Einheits- und Gesamtpreis (EP/GP)**

Eine solche Art der Preisermittlung erfolgt in der Regel nur durch die anbietenden Nachunternehmen und wird daher hier nicht weiterbetrachtet.

9.3   Kosteneinflüsse

Die Kostenermittlung wird beeinflusst durch die Vorgaben der Planung und Einflüsse von außen. Diese können sehr unterschiedlich sein und sind zum Teil schwer zu bewerten. Der Vollständigkeit halber werden mögliche Einflüsse aus Sicht der DIN 276 hier benannt:

- Nutzung: Art der Nutzung, z. B. Büro oder Krankenhaus.
- Standort: Einflüsse aus der Lage, z. B. Bodenbeschaffenheit (Gründung), Klima, Exposition (z. B. im Gebirge), etc.
- Kubatur: auch Geometrie genannt, z. B. Geschossigkeit, einfacher Grundriss etc. Komplizierte Gebäudeformen sind teurer

- Qualität: Ausstattung (niedrig, mittel, hochwertig), Gestaltung, Materialwahl, Energieverbrauch etc.
- Marktlage: saisonale Einflüsse, konjunkturelle Einflüsse, örtlicher Baumarkt, z.B. regionale und lokale Baustoffpreise, z. B. Beton (Verfügbarkeit) etc.
- Sonstiges: Terminliche Einflüsse, Herstellverfahren, Baustellenbedingungen, Finanzierungsbedingte Einflüsse wie Förderungen, Zuschüsse etc.

Berücksichtigen Sie daher immer auch Faktoren wie Marktlage etc. Entweder verändern sich die Herstellkosten bzw. machen Sie eine prozentuale Einschätzung der Auswirkungen als Zu- oder Abschläge auf die Herstellkosten.

9.4 Planungskosten

Planungshonorare werden nach *Honorarordnungen* errechnet. Je nach Fachdisziplin können diese unterschieden werden. Das Planungshonorar für Architekten, Statiker und haustechnische Fachplaner etc. regelt die Honorarordnung für Architekten und Ingenieure, kurz HOAI. Sonderfachingenieure, wie z. B. für Brandschutz, werden nach dem Leistungsbild der AHO (Ausschuss der Verbände und Kammern der Ingenieure und Architekten für die Honorarordnung) bewertet. Prüfstatiker als Sachverständige werden durch die Bewertungs- und Verrechnungsstelle (BVS) bewertet.

Die HOAI gibt je nach Schwierigkeitsgrad und Umfang der Leistung die Gebühren vor, gestaffelt nach der Höhe der Erstellungskosten, auch *anrechenbare Kosten* (ermittelt nach DIN 276) genannt. Bei Planungsangeboten sind Kosten auf Basis der HOAI darzustellen. Das ermittelte Honorar gestaffelt nach (Schwierigkeits-)Zonen wird angegeben als Mindest-, Mittel- oder Höchstsatz. Auch wird unterschieden in Grundleistungen (GL) und besondere Leistungen (BL), diese sind zusätzlich zu vergüten. Ausnahme die Generalübernehmer, diese können Ihr Angebot frei darstellen. In der Regel wird auch hier nur ein Preis angegeben, oft untergliedert in die Leistungsphasen (LP) der HAOI. Bitte beachten Sie hierzu das EuGH Urteil vom 04.07.2019 und die aktuellen Entwicklungen zur HOAI, siehe auch vor. Im Internet gibt es kostenfreie HOAI-Rechner, hier können Sie mit Eingabe der Herstellkosten schnell das anrechenbare Honorar errechnen bzw. überprüfen lassen.

Tipp
Schauen Sie sich die HOAI genau an. Viele Leistungen werden von Fachplanern angerechnet, die aber in der Praxis vom Projektsteuerer übernommen werden, z. B. Erstellen des Projektterminplanes, Kostenauswertung etc. Hier können Sie ggfs. Honorarminderungen vereinbaren. Auch die Höhe der anrechenbaren Kosten ist zu überprüfen. Oftmals wird mit Kennwerten gerechnet und nicht mit den tatsäch-

lichen Kosten. Auch die Zone ist nach HOAI zu ermitteln und hat Einfluss auf den Preis.

9.5   Baunebenkosten

Unter Baunebenkosten versteht man die Kosten des Bauherrn, die nicht in den Herstellkosten (KG 300–500) bzw. Grundstückskosten (KG 100) enthalten sind.

Die DIN 276 hat eigene Kostengruppen KG 200 und 700 für diese Kosten gebildet. Hier sind auch die Planungskosten enthalten.

In der Regel werden aber die Planungskosten (KG 730) separat zu den eigentlichen Nebenkosten aufgeführt. Auch gibt es Planungen, die in der Regel der Bauherr direkt beauftragt, z. B. Bodengutachten, Prüfstatiker, Vermesser.

Daher sind in der Nennung der Nebenkosten meist nur die nachfolgenden Kostengruppen enthalten:

- KG 200 Erschließung Grundstück/Versorgerkosten
- KG 710 Bauherrenaufgaben, Projektsteuerung, Bodengutachter, Vermesser etc.
- KG 720 Vorbereiten der Projektplanung, z. B. Wettbewerbe etc.
- KG 740 Gutachten und Beratung, z. B. Bodengutachten, Prüfstatik, Vermesser
- KG 750 Künstlerische Leistungen, wie künstlerische Bauleitung etc.
- KG 760 Finanzierungskosten
- KG 770 Allgemeine Baunebenkosten, Genehmigungskosten, Versicherungen
- KG 790 Sonstige Baunebenkosten, Verweis DIN 276 auf die KG 770
- KG 800 Finanzierungskosten

Die Nebenkosten werden im Rahmen der Kostenschätzung von den Herstellkosten (bei GU-Schätzungen inkl. Aufschlag) abgeleitet. Die Annahme beträgt ca. 5 % der Herstellkosten netto ohne Planung. Diese ist eine Faustformel ohne Gewähr. Im Internet gibt es zahlreiche kostenlose Nebenkostenrechner. Diese sind auf die Inhalte zu prüfen vor Nutzung.

9.6   Kostensteuerung und Kostenfeststellung

Baukosten entwickeln sich während der Bauzeit weiter. Mit der *Kostensteuerung* (Begriff aus der DIN 276, auch Kostenverfolgung oder Kostenmanagement genannt) können Baukosten gesteuert bzw. verändert werden, z. B. durch das Eingreifen in die Planung und die Qualitäten. Oftmals sind nicht alle Grundlagen bei der Vergabe vollständig erarbeitet worden oder es werden Anforderungen nachträglich durch den Bauherrn/Nutzer verändert, welche dann zu Kostenveränderungen führen. Die tatsächlichen

Herstellkosten werden am Ende nach Abschluss des Projektes mit der *Kostenfeststellung* (DIN 276) ermittelt.

Vertraglich muss geregelt sein *wer* die Kosten weiterverfolgt. Hier gibt es verschiedene Ansätze. Die Baustelle, d. h. der Projektleiter und Bauleiter führen nur die Baustellenkosten weiter, Themen wie Grundstück oder Bauherrenleistung werden vom Auftraggeber fortgeführt.

Oftmals hat der Auftraggeber aber den Anspruch, dass der Projektleiter/-manager die Kosten fortschreibt (Projektsteuerer des Bauherrn).

Ab der Vergabe wird ein sogenanntes *Baubudget* geführt, d. h. Kosten (hier Vergaben) und Ausgaben werden gegenübergestellt. Das Baubudget wird bis zur Kostenfeststellung, d. h. Schlussrechnung der NU, geführt. Im Budget werden somit alle Kosten aus Nachträgen (Mehr- und Minderkosten), Schadensersatz und Entschädigung mitgeführt. Wichtig ist in diesem Zusammenhang, dass angekündigte, aber nicht vorliegende Nachträge durch die Projektleitung bewertet werden sollten, damit ein Ausblick auf die Kostenentwicklung möglichst genau jederzeit gegeben ist. Sie als Projektmanager oder die Fachingenieure haben hier eine Hinweispflicht bei Überschreitung der Kosten.

Oftmals werden Bauprojekte als Renditeobjekte, d. h. über Fonds, realisiert. Der Fondgeber erstellt hierzu eine Rentabilitätsberechnung. Sie als Projektsteuerer haften hier nur bei Kostenüberschreitung, wenn Sie nicht Ihrer Hinweispflicht nachgekommen sind. Aussagen zur Rentabilität können Sie nur machen, wenn Ihnen diese Grundlage vorliegt. Es gilt aber bei Fonds, Kostennachbesserungen sind nur begründet möglich, d. h. bei Qualitätssteigerung oder Vergrößerung des Objektes. I.d.R. kann ein Fond nur einmal kostenmäßig nachgebessert werden. Hier gilt es sich als Auftraggeber Projektmanager sehr genau mit dem AG abzustimmen.

Jedes Ingenieurbüro bzw. Unternehmen hat eigene Budgetvorlagen. So könnte ein solches Budget beispielhaft als Muster aussehen (Bestehend aus Teil 1 und Teil 2, ohne Gewähr auf Vollständigkeit):

Teil 1: Kostenberechnung und Budget, Abfolge als Zeilen, siehe auch Abb. 9.2:

- Kostenstelle, z. B. 1 Rohbau
- KG nach DIN 276
- Positionsnummer gem. LV

KoSt.	KG	Pos. Nr	Leistung Auftrag	Info	Budget €	KOBE €	Budget Änderung	Budget aktuell
1	330	Rohbau				135.000		136.500
1	330	1000	HA, Fa. [...]	13.03.20	100.000			
1	330	1002	NA, Fa. [...]	Schornstein	5.000			
1	330	1003	NA, Fa. [...]	Unterzug	1.500		1.500	
1	330	1004	Summe		106.500			
1	330	1004	Über-/Unterdeckung		28.500			

Abb. 9.2 Teil 1: Beispiel Budgetaufstellung, ist mit Abb. 9.3 im Zusammenhang zu betrachten

- Leistung/Auftrag Firma [...], hier Hauptauftrag (HA) und Nachtrag (NA)
- Info/Beschreibung
- Budget, d. h. Vergabe und NA
- Kostenvorgabe aus Kostenberechnung
- Darstellung der Budgetänderung, Verrechnung Budget und Kostenberechnung
- Aktuelles Budget, Summierung HA, NA und Budget-Änderungen

Teil 2: Kostenfeststellung, als Fortschreibung der Zeilen aus Teil 1, siehe auch Abb. 9.2:

- Hauptauftrag als Summierung
- Summe Nachträge als Summierung
- Gesamtauftragssumme
- Abrechnung %-Ist, Pauschalvertrag oder Abrechnungsvertrag
- Abrechnung Ist, bisher abgerechnet, ggfs. Skonto beachten
- Abrechnung Sicherheit, Einbehalt zur SR in % (z. B. 10 %)
- Abrechnung SR erfolgt (J/N)
- Rückstellung Einbehalt, z. B. aus Mängeln oder Schadensersatz
- Rückstellung Abrechnung, Restsumme aus Abrechnung
- Gesamtergebnis, Darstellung Verbesser- oder Verschlechterung

Bitte beachten Sie, dass Baubudgets gedeckelt sind, d. h. die Budgetsumme steht vor Ausführung fest. Damit sind die Möglichkeiten für Budgetveränderungen nach oben, d. h. Kostensteigerungen, schwer darzustellen, es sei denn der AG verändert die Anforderungen.

Budgetveränderungen können verursacht werden durch:

- Fehlerhafte Kostenberechnung
- Fehlerhafte Leistungsverzeichnisse, Mengenabweichungen
- Wenige Bieter, somit kein ausreichender Wettbewerb der NU
- Leistungsveränderung durch Planer oder AG
- Planungsfehler
- Bauzeitverzögerung
- Unvorhergesehenes, z. B. Streik, Wetter, Bodenrisiko, Archäologische Funde etc.

Haupt-Auftrag €	Summe NA €	Gesamt-Auftrag	Abrechnung				Rückstellung		Gesamt-ergebnis €
			%-Ist	Ist €	Sicherheit	SR erfolgt	Einbehalt	Abrechnung €.	
100.000	6.500	106.500	20%	21.300	0%	nein	0	85.200	30.000

Abb. 9.3 Teil 2 der Kostenaufstellung

Dieses bedeutet, wenn ein Budget negativ abweicht, haben Sie nachfolgende Möglichkeiten:

1. Wenn die Kosten-Steigerungen während der Vergabephase auftreten, nochmal neu
   ausschreiben und günstigeren NU finden oder gem. Punkte 4 bis 6 verfahren.
2. Die nächsten Vergabeergebnisse verändern, d. h. verbessern.
3. Fachlose weiter unterteilen, um besseren Preis zu erhalten.
4. Verändern der Leistung ohne Qualitätseinbuße, d. h. gleichwertige Leistung auf
   Kostenbasis vergleichen, z. B. Fabrikats-Änderungen etc.
5. Veränderung der Leistung unter Inkaufnahme der Verschlechterung der Qualität.
6. Planung vereinfachen, sehr schwer während der Bauausführung, können eher GÜ
   durchführen. Beachten Sie, Umplanungen erzeugen i. d. R. Honorarforderungen.
7. Wenn Sie GU oder GÜ sind werden Sie versuchen so viele Nachträge wie möglich zu
   stellen, hier können Sie ggfs. die Kosten noch beeinflussen. Als Projektmanager des
   AG sollten Sie daher jeden NA sorgsam mit der beauftragten Leistung abgleichen.

Bei schlüsselfertigen Aufträgen trägt der GU/GÜ das Budget- und Massenrisiko, vorausgesetzt der AG verändert die Leistung nicht. Bei einem GU Auftrag sind Planungsfehler
als Nachträge zu behandeln. Den Fachingenieur zur Rechenschaft, d. h. Kostenübernahme, zu bringen ist meist nicht ratsam, da er weiterhin am Projekt beteiligt ist. Dieses
ist sinnvoll bei groben Fehlplanungen > Haftpflichtversicherung des Fachplaners in
Anspruch nehmen. Ein Patentrezept zur richtigen Vorgehensweise gibt es nicht.

Behalten Sie daher die Vergaben und Budget-Führung stehts im Auge und achten Sie
hier sorgsam auf alle Schritte und Veränderungen. Nehmen Sie rechtzeitig Ihren AG oder
Ihre Unternehmung mit, hier lässt sich nichts vertuschen, Zahlen lügen nicht.

9.7 Vergütung

Die Vertragsform regelt die Vergütung. Nach Abrechnung, d. h. als sog. *Abrechnungs-
oder Einheitspreisauftrag* (Aufmaß und Einheitspreis) oder als *Pauschalauftrag,* d. h.
nach Baufortschritt (Abrechnung in % der erbrachten Leistung). Grundsatz ist: keine
Vergütung ohne vertragliche Regelung. Die VOB/B § 2.1 spricht von vertraglicher
Leistung.

Je nach Vertragsform ist der Rechnungslauf ein anderer. Die Rechnung geht immer
beim Beauftragenden ein, d. h. dem AG (kann hier auch der GU sein). Dieser reicht
die Rechnung an seine Erfüllungsgehilfen, d. h. Architekt oder Fachplaner oder an den
Projektsteuerer weiter. Ist keine kaufmännische Unterstützung vorhanden, z. B. beim AG
oder GU/GÜ, dann übernimmt der Projektsteuerer diese Aufgabe. Das Nachhalten der
bereits ausgezahlten Rechnungen bzw. der Einbehalte etc. ist mitzuführen.

Bei Änderungen durch den AG (VOB/B § 2.5) hat der NU einen Anspruch auf
Anpassung der Vergütung, entweder anhand der vorliegenden Einheitspreise und der

Mehrmengen (bei Einheitspreisvertrag) oder durch Stellung eines Nachtragsangebotes (i. d. R. Pauschalpreisvertrag). Die Änderungen und der damit einhergehende Vergütungsanspruch sind vertraglich als *Nachtrag* zu vereinbaren. Mündliche Beauftragungen können vorkommen, führen aber i. d. R. zu Streitigkeiten.

Bitte beachten Sie hier Ihren Vertretungsanspruch, um Leistungen zu vereinbaren als Projektleiter muss der Bauherr Sie mit dieser Aufgabe beauftragen. Ansonsten können hier Haftungsansprüche des AG an Sie resultieren. Mengenabweichungen oder Nachträge sind von der Projektleitung dem AG geprüft vorzulegen zur Beauftragung.

Nicht vorgesehene Leistungen gem. VOB/B § 2.6 sind ebenfalls zu vergüten. Hier muss der NU rechtzeitig vor Ausführung die Leistung diese dem AG ankündigen. Vergütung erfolgt auf Basis der vertraglichen Regelungen.

Bei fehlendem Auftrag bzw. eigenmächtiger Abweichung vom Vertragssoll besteht kein Vergütungsanspruch. Allerdings ist bei Notwendigkeit zur Ausführung auch nachträglich die Vergütung durchsetzbar, sogenannte *Sowieso-Kosten*. Sollte dieser Fall nicht vorliegen, kann der AG soweit gehen und die Leistung auf Kosten des NU Rückbauen lassen.

Sind Unterlagen und Dokumentationen vertraglich geregelt, kann der AG die Vergütung einkürzen bei nicht rechtzeitiger Übergabe. Sollten keine vertraglichen Regelungen hierzu getroffen worden sein, hat der AG vollständig die Leistung zu vergüten.

TIPP

Regeln Sie die Art und den Umfang von Planungsleistungen und Dokumentationen inkl. der Schlussdokumentation/Revision im Vertrag. Bei Plänen immer als DWG und PDF Dateien. So verhindern Sie Streitigkeiten und wissen was Sie später bekommen.

Immer wieder gibt es auf Baustellen Streitigkeiten wegen Stundenlohnarbeiten. Die VOB/B § 2.10 gibt vor, dass diese **nur** zu vergüten sind, wenn Sie ausdrücklich vor Beginn vereinbart wurden. Regeln Sie im Vorfeld mit der örtlichen Bauleitung wer Stundenlohnarbeiten bestätigen darf und wer nicht. Klare Regelungen verhindern Meinungsverschiedenheiten.

Die Abrechnung erfolgt nach aufgewendeter Arbeitszeit, bei Anfahrt inkl. der Anfahrtszeit, und nach verbrauchtem Material. Stundenlohnarbeiten sind i. d. R. nicht gerne gesehen, da ab einer bestimmten Menge davon auszugehen ist, dass die Leistungsbeschreibung im Vorfeld nicht fehlerfrei erstellt wurde. Daher oftmals lieber einen Nachtrag erstellen lassen und diesen dann begründen gegenüber dem AG.

Ein Vergütungsanspruch der Leistung entsteht gem. vertraglicher Regelung und gilt insbesondere bei Vorauszahlungen oder prozentualer Leistungserbringung. Rechtlich gesehen gilt der Vergütungsanspruch des NU erst nach dem Übergang in das Eigentum des AG, d. h. nach Einbau. Man spricht von „fest verbunden mit dem Bauwerk".

Bei der *Schlussrechnung* (SR) ist die Vergütung besonders genau zu prüfen. Um eine Schlussrechnung stellen zu können ist das beauftragte Gewerk (komplett) fertiggestellt, d. h. in sich abgeschlossen. Ist die SR erst einmal vom AG ausgezahlt, sind keine Rückforderungen bzw. baulich zu erbringende Forderungen gegenüber dem NU mehr möglich. Für nicht behobene Mängel aus der Abnahme, d. h. Mängelfeststellung vor Übergabe, sind monetäre Einbehalte festzulegen. Wenn diese gemeinsam bewertet werden, erfolgt i. d. R. kein Widerspruch vom NU. Die Regel lautet: Ein Mangel kann mit bis zu dem 3-fachen Wert der Herstellkosten bewertet werden.

Der Gewährleistungseinbehalt ist vertraglich geregelt und beträgt 5 % der netto Auftragssumme. Dieser kann durch Vorlage einer auf mind. 5 Jahre befristeten Gewährleistungsbürgschaft (beachte Vertrag) ausbezahlt werden. Bitte beachten Sie, dass der Bauherr einen gleichzeitigen Beginn aller Gewährleistungsbürgschaften bei Einzelgewerken bevorzugt. D. h. das für vorzeitig abgeschlossene Leistungen, z. B. Trockenbau, die Restbauzeit auf die Gewährleistung aufgeschlagen wird. Diese könnte dann 5 Jahre und 3 Monate lauten. Dieses ist zulässig, wenn die Frist von 5 Jahren nicht deutlich überschritten wird, d. h. max. zwischen 1 und 5 Monaten Verlängerung liegt.

Bei Schlussrechnungen ist dem AG durch den prüfenden (Architekt oder Projektsteuerer) ein sogenanntes *Deckblatt zur SR* beizulegen. Hier sollte nachfolgendes notiert sein:

1. Firma/Anschrift
2. Abnahme vom [...] (Datum) über Leistung/Bauteil/Gesamtleistung etc.
3. Auftragsnummer (wenn vorliegend)
4. Bemerkungen: Abnahme erfolgt am [...] (Datum) ja/nein
   Mängel ja/nein
   Hinweis auf Mängelliste vom [...] (Datum)
   Gegenrechnungen
   Bautagebuch liegt vor ja/nein
   Dokumentation/Revision liegt vor ja/nein
   Vertragsstrafe ja/nein
   Ablauf der Gewährleistung (Datum)
   Beurteilung der Leistung/NU

Auch die Auszahlung der Vergütungsansprüche durch den AG sind nachzuhalten. Wichtig für z. B. *Skonto Regelungen:* Unterschätzen Sie nicht den Zeitaufwand für diese Tätigkeit.

Bei nicht Begleichung von Abschlagsrechnungen kommt es zu einem kaufmännischen Verzug. Kommt der AG trotz Mahnung seinen Zahlungsverpflichtungen nicht nach, kann der AN vom AG eine Sicherheit in Höhe der noch ausstehenden Auftragssumme verlangen (BGB § 648a). Leistet der AG trotz angemessener Frist nicht diese Sicherheit, kann der AN die Arbeiten einstellen und die Abrechnung verlangen (BGB § 648) oder der AN kann eine Sicherheitshypothek an dem Baugrundstück des AG verlangen. In der Regel ist dieses die schärfste Waffe des AN und zerstört die Vertrauensbasis für immer, daher kann diese Maßnahme auch nur einmal angewendet werden. Jeder AN überlegt sich sehr gut ob er diesen Paragrafen anwendet.

Literatur

AHO 2014, Bundesanzeiger Verlag, Schrift Nr. 9.
AHO, Ausschuss der Verbände und Kammern für die Honorarordnung.
BGB Bürgerliches Gesetzbuch, Fassung 21. Dezember 2019.
BKI – Baukostenindex.
BVS, Bewertungs- und Verrechnungsstelle.
DIN 276, DIN-Norm zur Ermittlung der Projektkosten, 2018.
DVA, Der Deutsche Vergabeausschuss.
HOAI, 2013.
VOB/B, 2002, Vergabe- und Vertragsordnung für Bauleistungen.

Baustellenkoordination 10

Die Bauausführung ist die Kür der Projekt- und Bauleitung. Während die Planung als linearer Prozess zu verstehen ist, da diese meist auf Konzepten und Festlegungen aufbauen, die zeitlich hintereinander geschaltet werden, sind Baustellen und Bauabläufe vielschichtiger und zeitlich deutlich aufwendiger zu koordinieren und vorauszuplanen. Das Unvorhergesehene gehört zum Baustellenalltag.

10.1 Der Weg im Projekt

Den Projektablauf kann man bildlich beschreiben. Ich sage immer, dass Sie für einen geordneten Projektablauf zwei Pflöcke einrammen und durch drei Türen gehen müssen. Diese Objekte bzw. Bilder stehen für Aufgaben und Messstellen im Bauablauf. Klingt einfach, erfordert aber eine gute Vorplanung und eine Portion Weitsicht.

Beim *Projektbeginn* ist der erste Pflock einzuschlagen, dieser steht für die ersten Festlegungen:

- Wer hat den Hut auf? Dies ist wichtig damit zügig Entscheidungen getätigt werden.
- Festlegung der Projektbeteiligten und deren Aufgabenbestimmung
- Was bis wann? > Terminplanung
- Projektstart definieren > Ab wann beginnt ein Projekt?
- Ziele und Erwartungen definieren > Rollenklärung

Der zweite Pflock steht für das *Projektende*. Auch dieser ist zu definieren:

- Wann genau ist das Projekt zu Ende? Zur Schlussabnahme Bauherr oder bei Inbetriebnahme/behördlicher Abnahme oder nach Mängelbeseitigung?

© Der/die Herausgeber bzw. der/die Autor(en), exklusiv lizenziert durch Springer Fachmedien Wiesbaden GmbH, ein Teil von Springer Nature 2020
S. Schirmer, *Bau-Projektmanagement für Einsteiger,*
https://doi.org/10.1007/978-3-658-30844-5_10

- Die Nachsorge im Projekt ist zu regeln, z. B. Mängelmanagement und Einregulierung.
- Kostenstand: Schlussrechnungen abgearbeitet, Kostenverfolgung abgeschlossen.

Zwischen diesen zwei Pflöcken liegt der Projektablauf. Dieser kann über Messstellen bewertet werden. Je nach Projektstand kann der Bauablauf als gut, holprig, stockend oder gar schlecht bewertet werden. Als Kurzformel kann man sagen, dass Sie mindestens drei Messpunkt erreichen müssen, ich nenne diese Messstellen *Türen*. Wenn Sie gut durch diese Türen kommen, läuft Ihr Projekt wie am Schnürchen. Eine Rückkehr zum Ausgangspunkt und damit ein Türwechsel ist nicht möglich, die falsche Tür bedeutet viel Mehrarbeit und ggfs. sogar ein Scheitern.

Erste Tür

Vergaben: Wenn Sie ca. 60 bis 75 % Ihres Budgets als Vergaben getätigt haben, sind Sie in der Lage eine Kostenprognose für den Projektverlauf vorherzusagen. Diese prozentualen Kosten setzen sich aus den 4 bis 5 Hauptgewerken zusammen: Erd- und Rohbau, Hülle (Fassadenbekleidung und Fenster) und haustechnische Ausstattung. Liegen diese Kosten im Kostenrahmen und Sie haben sich sogar einen kleinen Puffer erarbeitet, können Sie beruhigt das Bauvorhaben beginnen.

Zweite Tür

Der Rohbau steht und ist dicht. Der Innenausbau und die Grobmontagen, z. B. Haustechnik, können beginnen. Wenn Sie hier im Zeitplan liegen, kann fast nichts mehr passieren. Sie haben alles richtig gemacht und haben jetzt Zeit und Muße sich über Detailausführungen, Qualitäten und das Projektende zu kümmern.

Dritte Tür

Sie sind kurz vor dem Projektende. Die Gewerke sind abgestimmt für den Endspurt bis zur Abnahme durch den Auftraggeber. Liegen Sie hier gut im Terminplan und stimmt die Qualität vor Ort, haben Sie es geschafft.

Erreichen oder durchschreiten Sie eine der Türen nicht, erhöht sich der Aufwand im Projekt, um noch die nachfolgenden Türen zu erreichen.

Wenn ein Projekt nicht gut läuft, bezeichnen wir im Bauwesen diesen Vorgang als „roten Faden" (steht für Schnur/Richtschnur). Sie können sich diesen Faden auch als gedachte Linie zwischen den zwei Pflöcken vorstellen. Ist dieser rote Faden erst einmal im Projekt, erfordert es viel Arbeitseinsatz und ggfs. Personal sowie Geduld, um den Ablauf wieder in die richtige Bahn zu bekommen. Denn neben Termin Verzügen, Kostensteigerungen, Ärger bei Vergaben und mit Nachunternehmern, Schuldzuweisungen der Planungsbeteiligten untereinander etc., benötigen Sie viel Kraft und Überzeugungstalent, um alle Beteiligten bei der Stange zu halten und zu motivieren um zu handeln. Auch wird bei Abweichungen im Bauablauf der AG Ihnen Fragen stellen und zu Lösungen drängen. Daher ist ein Vordenken und Definieren der einzelnen Haltestellen und Aufgabenbereiche im Vorfeld wichtig.

Tipp

Schreiben Sie sich eine maßgeschneiderte Checkliste mit den groben Aufgabenbereichen und Terminen und Zuständigkeiten bis wann was zu erledigen ist. So
behalten Sie besser die Übersicht. Ein belastbarer Terminplan steht i. d. R. erst mit
Vorliegen der Planung vor.

Es macht Sinn die Checkliste in der Gliederung der HOAI, d. h. vom Entwurf
bis zur Objektbetreuung zu Clustern. Im Bauablauf ist der Schwerpunkt auf die
Objektüberwachung zu legen. Unterscheiden Sie hier die Aufgaben der Projekt-
und Bauleitung.

Geben Sie Aufgabenbereichen eine Wichtung, d. h. wichtig oder nicht wichtig
bzw. dringend und nicht dringend.

10.2 Baugrundlagen

Bevor ein Bauvorhaben vor Ort umgesetzt wird, sind die Grundlagen der Ausführung zu
beachten. Grundlage ist immer der Vertrag, auch *Werk-* oder *Bauvertrag* genannt. Hier
schuldet der Auftragnehmer (Firma oder GU) ein Werk bzw. Bauwerk (Bauleistung)
gegen Vergütung.

Ein Bauvertrag setzt sich i. d. R. aus vielen einzelnen Anlagen zusammen. Oft entspricht im Vertrag die Rangfolge der Anlagen der der Aufzählungsrangfolge. Dieses hat
juristische Ursachen:

1. An erster Stelle immer der Werkvertrag.
2. Vergabeprotokoll bzw. schriftlich fixierte Absprachen zum Vertrag und der Leistung.
   A) Leistungsverzeichnis bei Vergabe von Gewerken oder
   B) Bau- bzw. Raumbuch bei funktionalen oder GU-Ausschreibungen.
   C) Musterkatalog (kann sowohl im Bau- als auch im Raumbuch enthalten sein)
3. Plananlagen (Planliste unbedingt erforderlich)
4. Technische Beschreibungen, z. B. Haustechnikkonzept (meist im Baubuch enthalten)
5. Gutachten, z. B. Bodengutachten, Genehmigungs- und Ausführungsstatik etc.

Baubuch: Ist meist eine funktionale Beschreibung der kompletten Bauleistung, kann
auch Planungsleistungen enthalten. Hier werden auch Ausgrenzungen, Schnittstellen
zwischen dem Auftraggeber und Auftragnehmer beschrieben.

Raumbuch: Ein Raumbuch beschreibt für einzelne Räum die Qualitäten in der Ausführung und die Ausstattung (meist haustechnische Ausstattung). Der Raum wird
gekennzeichnet mit

- Bauteil, z. B. Bauteil II
- Geschoss, z. B. 1. OG

- Raumnummer, z. B. 2.1.20 = Bauteil II, 1. OG, Raum Nr. 20
- Raumbezeichnung

Die Beschreibung unterscheidet in einzelne Bauteile, z. B. Fußboden, Wände, Decke, Fenster, Türen, Heizung, Lüftung, Kälte, Elektro etc.

Meist wir vom Auftraggeber auch ein *Projektbeteiligten Organigramm* übergeben. Dieses ist mit einer *Projektbeteiligten-Liste* gleichzusetzen. Das Organigramm gibt anschaulich die Beziehungen der Beteiligten zueinander wieder. So können Planungs- bzw. Entscheidungswege bildlich dargestellt werden.

Der Bauvertrag und seine Unterlagen sind die Grundlage zur Beschreibung der zu erbringenden Bauleistungen. Bei Abweichungen in der Ausführung bzw. bei Nachforderungen des Auftraggebers oder Nachtragsforderungen des Auftragnehmers kann hier die vertragliche Leistung nachgelesen bzw. überprüft werden.

Ich nenne den Bauvertrag immer die „Ursache alles Bösen". Das soll heißen, je ungenauer ein Bauvertrag ist, desto mehr Streitigkeiten erfolgen daraus. Oftmals sind in Beschreibungstexten verschiedene Ausführungsmöglichkeiten beschrieben. So muss dann das vom Bauherrn gewünschte Bau Soll nachträglich in Einzelgesprächen geklärt werden. Das ist nicht immer einfach, da die Parteien oft unterschiedliche Auffassungen haben. Der Bauherr will immer das „Höherwertigere" haben, der Bauausführende oftmals das „Günstigste".

Auch wird oft bei der Auftragsvertrage nicht auf alle Punkte hingewiesen, d. h. der Bieter und spätere Auftragnehmer verschweigt vor Beauftragung Punkte im Vertrag bzw. der Leistungsbeschreibung, um keinen Argwohn zu wecken, d. h. seine Angebotsposition gegenüber der Konkurrenz zu schwächen oder später seine Position nach Nachträgen zu stärken. Diese Taktik kann aber oft nach hinten losgehen, da durch solch ein Verhalten oft Streitigkeiten vorprogrammiert sind.

10.3 Bauüberwachung

Die Bauüberwachung ist je nach Person und Aufgabe zu definieren. Der Bauleiter als örtliche Bauleitung überwacht die mängelfreie und vertragsgemäße Bauleistung und koordiniert die fachlich beteiligten, z. B. Fachbauleitungen, NU etc.

Der Projektmanager überwacht den Bauprozess, d. h. koordiniert und kontrolliert alle Beteiligten und ihre vertraglichen Leistungen, AG, Fachplaner etc.

Die Projekt- und Bauleitung stimmen sich regelmäßig über die diversen Planung- und Bau-Themen ab, diese sollte als Protokoll schriftlich erfolgen. Es sind gemeinsame Baubegehungen durchzuführen, sodass die Erwartungen abgeglichen werden können.

Die Bauüberwachung, auch Objektüberwachung genannt, wird in der HOAI Leistungsphase 8 geregelt. Prozentual liegt der Anteil der Objektüberwachung gem. HOAI bei ca. 30 bis 35 % des gesamten Honoraranspruches. Hieran kann man den Aufwand und Wichtigkeit dieser Leistung ablesen.

Klären Sie daher vorab, wer welche Aufgaben übernimmt. Oftmals werden Terminpläne vom Projektleiter vorgegeben und von der Bauleitung nur auf Umsetzung überwacht. Auch die Aufmaß- und Vergütungsprüfung ist zu klären. I. d. R. werden Rechnungen von der Bauleitung vorgeprüft und von der Bau-Projektleitung freigegeben. Wichtig ist hier wieder die Unterscheidung in Projektsteuerung des AG oder Projektmanagement des GU/GÜ.

In vielen Landesbauordnungen (LBO) ist die Benennung eines örtlichen Bauleiters vor der Baugenehmigung verpflichtend. Der Bauleiter soll eine genehmigungsfähige Planung baulich umsetzen und öffentliches Baurecht einhalten. Der Bauleiter haftet nicht für die Genehmigungs- und Ausführungsplanung, muss aber seiner Hinweispflicht nachkommen, d. h. es werden von Ihm weitgehende Kenntnisse von Genehmigungsvorschriften und Planungsinhalten gefordert. Weicht die Planung von der genehmigten Planung ab, so ist über den Architekten und die Fachplaner ein Nachtrag zur Baugenehmigung, schlimmstenfalls ein neuer Bauantrag, zu erstellen. Gleiche Anforderungen zur Sachkunde gelten für den Projektleiter. Gleichwohl haftet der Bauleiter oder Objektüberwacher für die mangelfreie Ausführung des Bauwerks. Auch hier kann er sich nicht auf fehlende Fachkenntnis berufen.

Für alle an der Planung und Bauleitung beteiligten Personen besteht keine verpflichtende Anwesenheitspflicht. Allerdings sieht die Rechtsprechung eine Anwesenheitspflicht bei Leistungen, die eine erhöhte Sorgfalt, z. B. Bewehrungs-, Abdicht- und Dämmarbeiten, und ein Gefahr- bzw. Mängelpotenzial beinhalten, vor. Die Überwachungsintensität hängt also von den Gewerken, der Schwierigkeit der Aufgabe und dem geschuldeten Erfolg ab. In der Regel reichen Stichprobenkontrollen aus. Die wichtigste Kontrolle der Bauleitung ist die *Abnahme*. Bei einzelnen Gewerken kann es vorkommen, dass Bauleistungen vor Weiterbearbeitung abgenommen oder zur Nutzung freigegeben werden müssen, z. B. Untergrund für den Maler. Diese Zwischen-Freigaben werden im Baustellenprotokoll oder Bautagesbericht protokolliert, es können auch separate Abnahmeprotokolle erstellt werden.

Schlussabnahmen sind immer als separates Abnahmeprotokoll zu erstellen. Diese können der Schlussdokumentation beigefügt werden.

Wer bauleitet hat die Baustelle regelmäßig oder bei schwierigen und großen Bauaufgaben ganztätig zu betreuen. Um den Stand der Arbeiten zu kontrollieren sind Bau- oder Objektbegehungen unerlässlich. Die Größe einer Bauaufgabe definiert in der Regel die Dauer der Anwesenheit des Bauleiters. Bei kleineren Baustellen ist die Regel, dass der Bauleiter mind. zwei Baustellen betreut. Großbaustellen ab ca. 5,0 Mio. Herstellkosten sind i. d. R. durchgehend besetzt.

Heutige Bauunternehmungen bzw. Generalunter- und Übernehmer (GU/GÜ) beschäftigen ausschließlich Projekt- und Bauleiter. Der „gute" alte Polier-Job ist vom Aussterben bedroht. Der Polier entspricht in etwa der Position des Vorarbeiters aufseiten der Bauleitung. Er ist das Bindeglied zwischen der Baustelle und der Bauleitung. Aus Kostengründen und weil zunehmend keine sogenannten „Gewerblichen" beschäftigt werden, ist heute der Bauleiter direkter Ansprechpartner auf der Baustelle. Gerade bei großen und komplexen Baustellen sind aber eine Arbeitsteilung und eine Entlastung der Bauleiter geboten.

Auch sind heutzutage viele unterschiedliche Nationalitäten am Bau vertreten, achten Sie auf die vertraglich vereinbarte Geschäftssprache Deutsch oder sorgen Sie dafür, dass der NU Dolmetscher stellt. Fremdsprachenkenntnisse sind immer von Vorteil, da viele Betriebs- und Produktbeschreibungen in Englisch gehalten sind.

Wichtig ist fundiertes Fachwissen. Wer einen Estrich verlegt, muss wissen wie dieser auszuführen ist. Entweder ist dieses in der Planung und Ausschreibung detailliert vorgegeben, oder Sie müssen selbstständig Wissen generieren und die Leistung prüfen. Der Bauleiter prüft, ob Bauprodukte zugelassen und eingesetzt werden dürfen. Natürlich sollte dieses bereits mit der Ausschreibung erfolgt sein, aber der Bauleiter haftet für die verwendeten Produkte mit seiner Hinweispflicht und weil er das letzte Kontrollorgan vor Einbau auf der Baustelle ist. Wer Technik verbaut muss wissen wie Technik funktioniert. Das bedeutet stetiges Lernen und Wissensvermehrung. Sich daher immer auf dem neusten Stand der Technik zum jeweiligen Gewerk bringen, gilt für den Planer, Projektmanager und Bauleiter gleichermaßen.

10.4 Unterweisungen auf der Baustelle

Auf Baustellen dürfen nur Personen arbeiten, die ausreichend für die Aufgaben qualifiziert sind. Hierzu gehört auch die Überprüfung der Nachweise für die Benutzung von Maschinen, Geräten, Werkzeugen und Fahrzeugen. Aber auch die ordentliche Anstellung im beauftragten Unternehmen ist zu überprüfen. Beachten Sie hierzu die Baustellenverordnung (BaustellenV, Stand 2004).

Mitunter sind Gefährdungsbeurteilungen aufzustellen für den sicheren Umgang mit Kränen und Geräten. Die Auflagen aus dem Arbeitnehmerschutz und die Unfallverhütungsvorschriften sind zwingend einzuhalten. Involvieren Sie frühzeitig den SiGeKo, dieser ist vom AG oder vom GU/GÜ zu stellen.

Auch Lärmbeeinträchtigungen sind zu überprüfen vor. Geräte und Maschinen müssen den geltenden Anforderungen entsprechen.

In der Regel werden auf der Baustelle drei Unterweisungen durch den Bauleiter durchgeführt.

1. Unterweisung:
Sicherheitseinweisung, können wie folgt aussehen, bitte mit SiGeKo gemeinsam vornehmen:

- Unterweisungen in den Sicherheitsvorschriften bis zu Schulungen
- Unterweisungen nach Fehlverhalten, z. B. fehlende PSA (Persönliche Schutzausrüstung)
- Unterweisungen nach Unfällen und Betriebsstörungen
- Unterweisungen in Gefährdungsbeurteilungen und Achtung auf Einhaltung
- Unterweisungen zum Wissenstransfer, z. B. Nachschulungen

2. Unterweisung:
Leistungsabstimmung, d. h. Grundlagen und Termine:
- Abstimmen des Auftrags- und Leistungsumfang mit der NU Bauleitung
- Planstand abgleichen, Vollständigkeit
- Materialauswahl und Lieferungen
- Baustelleneinrichtung, d. h. Aufstell- und Lagermöglichkeiten
- Prüfen der baulichen Voraussetzungen, d. h. können die Arbeiten beginnen
- Terminliche Absprachen

3. Unterweisung
Einweisung Vorarbeiter und Kolonnenführer
- Baustelleneinweisung, d. h. Lagerflächen, Lage Strom und Wasser, Toiletten etc.
- Sicherheitseinweisung (s. a. vor)

Die Dokumentation ist durch den Unterweisenden, i. d. R. den Bauleiter, zu führen. Bei augenscheinlichen Missständen hat der Projektleiter den Bauleiter anzuweisen Unterweisungen durchzuführen. Weitere Punkte werden in den regelmäßigen Bauleiterbesprechungen (Baubesprechungen) abgestimmt. An diesen Baubesprechungen kann die Projektleitung teilnehmen, die Protokoll sind in CC an diese zu übersenden.

10.5 Bautagebuch und Fotodokumentation

Bevor das eigentliche Bauen beginnt, ist der Zustand des Baufeldes und der Nachbarbebauung und der öffentlichen Straße zu dokumentieren. Dieses ist wichtig, um spätere Streitigkeiten mit Nachbarn und der Stadt zu vermeiden. Die vorhandenen Zustände der Straße und der Nachbarbebauung werden nach vorhandenen Schäden dokumentiert. So kann ein Nachbar keine vorhandenen Risse als nachträgliche durch die Bautätigkeit hervorgerufene anmelden und um Beseitigung bzw. Vergütung des Schadens verlangen. Hier geht es also um Geld.

Handelt es sich um kein Bauvorhaben auf der sogenannten „grünen Wiese", d. h. einen Neubau auf einem unbebauten Grundstück mit ausreichend Grenzabstand zum Nachbarn, ist es ratsam einen Bausachverständigen oder Gutachter die Dokumentation durchführen zu lassen. So hat ein Dritter unbeteiligter den Ist-Zustand dokumentiert. Das macht im Nachhinein vor Gericht die Beweislage einfacher.

Das *Bautagebuch* wird auf der Baustelle täglich vom Bauleiter geführt. Bautagebücher sind Pflicht in Deutschland. Bei kleinen Bauvorhaben kann auch der bauleitende Architekt das Bautagbuch führen, dann wird es nur bei Baustellenbesuchen erstellt. Bei großen Baustellen wird oft ein zusätzliches eigenes TGA (technische Gebäude Ausrüstung) Bautagebuch durch die haustechnische Bauleitung geführt. Wird die Baustelle durch einen GU/GÜ geführt, hat dieser das Bautagebuch zu erstellen und dem Bauherrn oder seinem Vertreter in regelmäßigen Abständen zu übergeben. Juristisch gesehen ist das Bautagebuch ein Beweismittel, das von Gerichten anerkannt wird.

Baubücher beinhalten Angaben für:

- Objekt, Name und Anschrift
- Datum und Uhrzeit der Erstellung
- Witterung, minimale und maximale Temperaturen (wichtig im Winter)
- Begehungsbeteiligte
- Anwesende auf der Baustelle (Bauherrnbesuche, SiGeKo etc.)
- Tagesleistung
- Bautenstand, d. h. Bauablauf und Fortschritt
- Abnahmen und Freigaben
- Abweichungen und Mängel
- Weisungen, d. h. Anordnungen und Unterlassungsaufforderungen
- Unterweisungen
- Vorfälle, d. h. Unfälle, Schäden, Behinderungen etc.
- Zusatzaufträge
- Pläne, d. h. wenn Pläne vor Ort übergeben wurden
- Baustoffe
- Großgeräteeinsatz

Oft werden Bautagebücher händisch geführt, aber Bautagebuch-Software ist zugelassen und wird anerkannt. Vorteil einer Software: Hier können auch digitale Fotos eingepflegt werden.

„Bilder sagen mehr als tausend Worte." Eine Fotodokumentation ist heute auf der Baustelle unverzichtbarer Bestandteil der Projekt- und Bauleitung geworden. Bilder können den Baustellenzustand und Mängelfeststellungen beschreiben, und sie können digital bearbeitet werden, um die Feststellungen hervorzuheben.

Die Technik macht es dem Nutzer einfach viele und gute Bilder zu produzieren. Heute reicht ein gutes Mobiltelefon aus, um Situationen zu dokumentieren. Und das hat fast jeder zur Hand. Aber es nutzen die besten Bilder nichts, wenn sie nicht richtig archiviert und im Bedarfsfall gefunden werden.

Daher ist der Umgang mit digitalen Fotos zu regeln. Hierzu gibt es viel Software wie Fotomanagement-Programme, die helfen können. Am einfachsten ist es, wenn ein eigenes Laufwerk nur für Fotodokumentationen auf dem Rechner oder Server installiert wird. Hier können dann je nach Projekt die Fotos in Ordnergruppen abgelegt werden.

Einzelne Fotos zu benennen fällt schwer aufgrund der Flut der Fotos. Es hat sich bewährt die Fotos mindestens nach dem Tag der Aufnahme als Ordner abzulegen. So ist einerseits der Bauablauf terminlich nachzuverfolgen und es kann gezielt anhand von Datum, Schriftverkehr oder Protokollen nachträglich gesucht werden. Besondere Fotos sind getrennt abzulegen, z. B. für die Mängelversendung etc.

Fotomanagement-Programme bieten zusätzlich den Vorteil, dass die Fotos in den Planunterlagen, z. B. Fassadenansichten, Grundrisspläne etc., verortet werden können. So können die Fotos besser und schneller zugeordnet werden.

10.6 Die Digitalisierung im Bauwesen

Die Digitalisierung oder *Industrie 4.0* ist in aller Munde. Seit Einführung der ersten Computeranwendungen und CAD-Programmen hat sich viel getan. Die Industrie 4.0 steht für Produktionszeitverkürzung, Automatisierung, kundenindividuelle Produkte und die Nutzung von Daten. Dies soll die Wertschöpfung für Hersteller und Kunden verbessern. In der Architektur sprechen wir von BIM, d. h. *Building Information Modeling,* auf Deutsch Bauwerksdatenmodellierung. Es sollen die optimale Planung, Ausführung und Bewirtschaftung von Gebäuden und Bauwerken mit Hilfe von Software zusammengeführt werden. Im Bauwesen wird die Digitalisierung weiter zunehmen. Ich bin noch auf Baustellen groß geworden wo mit Walkie-Talkies kommuniziert wurde. Heute sind Mobiltelefon und Laptop Standard, d. h. auch der Kranführer in luftiger Höhe wird oft mittels Mobiltelefons angeleitet und jeder ist auf der Baustelle erreichbar. Lassen Sie sich frühzeitig die Mobilnummern geben.

Baustellen benötigen einen Internet-Anschluss. Ohne diesen ist heutzutage keine Bau-Organisation bzw. Kommunikation mehr möglich. Durch die neuen Kommunikationsmedien wie E-Mail, digitaler Planaustausch oder digitalen Planungsplattformen etc. kommt es oft zu Missverständnissen. *Wer hat wem gesagt was zu tun?* Benutzen Sie daher einen digitalen Projektraum, hier wird automatisch mitgeführt wer zugegriffen hat auf Daten bzw. was abgelegt wurde. Ein weiterer Vorteil ist, dass der Zugriff von überall her möglich ist, was besonders für Baustellen von Vorteil ist.

Auch in der digitalen Welt müssen Sie frühzeitig die Kommunikationswege klären und wie man sich Informationen bzw. Unterlagen beschafft, hier beispielhaft (nachfolgende Begriffe kommen aus dem Privat- bzw. Schuldrecht):

- *Bringschuld*, der Sender, hier Planer, muss z. B. Pläne weitergeben, um Informationen zu verteilen.
- *Holschuld*, die Informationen und Pläne sind vom Fachplaner zu erwirken, d. h. abzufragen, z. B. Versorgerangaben.

Gerade bei Fehlern oder unzureichender Kommunikation wird auf die o.g. Begriffe verwiesen. Über dem digitalen Alltag vergessen wir aber oft das persönliche Gespräch. Baustellen leben von Menschen und von ihrer Abstimmung untereinander. Wie sagte jemand zu mir: „Die beste Technologie ist miteinander zu sprechen" (unbekannter Verfasser).

Im digitalen Zeitalter wird auch das Baugeschehen mehr und mehr in Abhängigkeit der Arbeitsweisen und der Verknüpfung untereinander betrachtet. In Ergänzung zur Anwendung BIM kann man die Bauwerksinformationsmodelle für das *Lean Construction* nutzen. Ziel des Lean-Verfahrens ist es die Wertschöpfungskette zu verbessern, Verschwendung zu eliminieren, die Effizienz steigern, Standards schaffen und die Kosten zu reduzieren bzw. die Wertschöpfung zu erhöhen (Dress & Sommer, Bauprojekte agil und lean). Das Prinzip hieraus ist Fließfertigung und Taktzeitplanung. Fachlose bzw. sogenannte Gewerkezüge (Reihenfolge der Gewerke) werden aufeinander eingespielt ohne Leerläufe und Verzögerungen. Im Bauwesen können aufeinander folgende Abläufe und Bauteile bzw. Zonen getaktet werden, d. h. man taktet z. B. die Abhängigkeit von Bauabschnitten, Rohbau zu den Ausbaugewerken oder den Ausbau einer Etage (Innenausbau und Haustechnik). Hierzu sind Leerläufe bzw. Arbeitsunterbrechungen in Terminplänen aufzuzeigen und zu minimieren bzw. abzustimmen. Aufgaben wie Sicherung der Logistik und Materiallieferungen und Schnittstellen sind zu bestimmen und Planungen abzusichern. An diesem Prozess sind sowohl die Planungsbeteiligten als auch die ausführenden Firmen zu beteiligen (spätestens bei Vergabe). Das sollte Projektmanagement sowie tun, im Lean-Verfahren wird es aber als Prozess mit Haltestellen beschrieben. Das Lean-Verfahren wird hier aus Platzgründen nicht weiter vertieft, ich empfehle aber sich dieses Thema zu eigen zu machen.

10.7   Pflichten und Rechte

Um Baustellen anleiten zu können müssen sich alle ihrer Pflichten und Rechte bewusst sein. Hierüber gibt die VOB/B § 4 Auskunft, der AG tritt Rechte bezüglich der Baustellenleitung und Führung von NU an die Projekt- und Bauleitung ab. Diese sind immer zu dokumentieren und vertraglich zu fassen.

Zusätzlich muss der Auftraggeber dem Auftragnehmer in die Lage versetzen das Bauvorhaben zu realisieren. Hierzu zählen neben den behördlichen und planungstechnischen Vorgaben auch ganz einfache Dinge z. B. es müssen die Zufahrt zum Projekt und ausreichende Lagerplätze sichergestellt sein.

Auftraggeber Pflichten:

- Stellung der Planung
- Stellung der örtlichen Bauleitung (wird meist delegiert)
- Stellung des Sicherheits- und Gesundheitsschutzkoordinatoren, SiGeKo (wird meist delegiert, Pflicht aus der BaustellV)
- Einholen der Baugenehmigung, an Architekten und Fachplaner delegiert
- Bereitstellen von Lagerfläche
- Zufahrt der Baustelle
- Anschlüsse für Energie (Endenergie, d. h. Versorgerverträge, nicht Baustrom)
- Statik und Prüfstatik
- Baugrundgutachten (Bodenrisiko beim Bauherrn)
- Vermesser
- Vergütung, direkt an NU oder an GU/GÜ
- Abnahmen

Zu den Rechten des Auftraggebers gehört z. B., dass er die Überwachung der Baustelle auf eigene Rechnung stellen kann (meist nur bei Einzelbeauftragungen, bei Generalverträgen stellt die Bauleitung der GU).

Auftraggeber Rechte:

- Überwachung der Baustelle durch Dritte (Projektsteurer oder Bauleitung des AG)
- Uneingeschränktes Zutrittsrecht auf die Baustelle
- Einsichts- und Auskunftsrechte (für Nachweise verbautes Material etc. aber auch Nachunternehmer Nachweise)
- Anordnungsrecht, z. B. Leistungsänderung etc.

Zu den Pflichten und Rechten des Auftragnehmers im Rahmen der Ausführung zählen:

- Ausführung in eigener Verantwortung (nicht nur GU, auch Einzelunternehmer)
- Ausführung nach anerkannten Regeln der Technik oder behördlicher Bestimmungen
- Hinweispflicht bei Abweichung bzw. Bedenken
- Annahme von Anordnungen des AG (Vereinbarung beachten, d. h. Schriftform, Vergütung etc.)
- Schutz der verbauten Leistung bis Abnahme
- Beseitigung vertragswidriger Leistungen
- Schadensersatz bei Verschulden
- Fristsetzung zur Mängelbeseitigung
- Anzeigepflicht bei Funden und Entdeckungen

10.8 Mängelfeststellungen

Mängelfreies Bauen gibt es nicht. Mängel werden i. d. R. nicht absichtlich hergestellt, sondern sind oft Folge von Material- und Verarbeitungsunkenntnis. Das ist auch nicht verwunderlich, da die Materialvielfalt immer mehr zugenommen hat. Unterschiedliche Materialien harmonieren nicht immer miteinander, z. B. unterschiedliches Ausdehnverhalten bei Wärme, oder das Material ist nicht immer geeignet für den verwendeten Zweck. Somit können Mängel auch aus falscher Planung entstehen. Wer eine Stofflichkeit vorgibt, sollte sich über den Einsatzzweck und die Eignung informieren. Richtiges Bauen bedeutet ein lebenslanges Lernen für alle Bau-Beteiligten.

In der VOB/B sind die Regeln zur Mängelrüge in den § 4, Absatz 7 und § 8, Absatz 3 geregelt. Doch empfiehlt es sich in den Mängelrügen keinen Bezug zur VOB herzustellen. Wenn der falsche Paragraf oder Bezug genannt wird, kann die Mängelanzeige in sich unwirksam werden wegen eines Formfehlers. Der Bauvertrag mit dem Nachunternehmer (NU) ist i. d. R. ein VOB Vertrag, daher reicht der Hinweis auf den gemeinsamen Vertrag völlig aus.

Während der Baumaßnahme, d. h. vor Abnahme, ist der NU in der Verpflichtung Mängel, wenn sie durch Ihn zu vertreten sind, unverzüglich zu beseitigen. Die Nachweisführung, dass es ggfs. kein Mangel ist, obliegt ebenfalls dem NU. Dieses sollte aber nicht ausgenutzt werden durch den Bauleitenden, da er somit künstlich Mängel benennen kann, die in Wirklichkeit keine sind und nur zu einem erhöhten Arbeits- und Nachweiseinsatzes des NU führen. Allerdings kann man einem NU drohen dieses Mittel einzusetzen, wenn der NU generell uneinsichtig in der Mängelbeseitigung bzw. in der Erbringung seiner Leistung ist.

Die Beweisumkehr tritt ein, wenn die Abnahme stattgefunden hat. Ab diesem Zeitpunkt muss der Auftraggeber (AG) den Mangel nachweisen und dokumentieren. Daher ist es ratsam alle Schreiben zu kennzeichnen mit dem Hinweis „Mängelfeststellung vor Abnahme" bzw. „Mängelfeststellung nach Abnahme".

Während der Bauzeit, d. h. Mängel vor Abnahme, sind *Mängelanzeigen* immer schriftlich durchzuführen. Mängelrügen können auch als E-Mail erstellt werden, es sollte allerdings eine Lesebestätigung angefordert werden. Diese haben Rechtscharakter und sind wirksam. Bei gravierenden und groben Mängeln ist zusätzlich ein Einwurfeinschreiben zu verwenden.

Voraussetzung für Mängelansprüche werden in der VOB/B § 4 geregelt. Mängelanzeigen sind mit einer angemessenen Beseitigungsfrist, kurz *Fristsetzung*, zu versehen. Eine abgelaufene Fristsetzung führt i. d. R. zu einer weiteren Fristsetzung. Sollte auch diese erfolglos enden, kann eine Kündigung der Leistung, d. h. der Mängelbeseitigungsleistung, ausgesprochen werden. Wichtig ist, dass die Androhung der Kündigung spätestens in der 2. Fristsetzung ausgesprochen wird, ansonsten ist die Kündigung unwirksam. Eine angemessene Fristsetzung sind i. d. R. ein bis zwei Wochen je nach Schwierigkeitsgrad.

Ersatzmaßnahmen werden durch einen Dritten, also durch einen anderen NU durchgeführt. Hier sind Gegenangebote im Vorfeld der Kündigung einzuholen, sodass der günstigste NU den Auftrag zur Mängelbeseitigung erhält und dem gekündigten NU kein Schaden durch überhöhte Einheitspreise zugefügt wird. Auch für einen säumigen NU gilt das Recht auf Schadensbegrenzung. Eine Kündigung der Mängelbeseitigung ist geplant durchzuführen. Ersatzmaßnahmen während der Bauzeit führen i. d. R. zu Behinderungsanzeigen des AN bzw. des nachfolgenden NU/Gewerk. Mängelbeseitigungen durch Dritte nach Abnahme sind einfacher durchzuführen. Die Kosten der Mängelbeseitigung und ggfs. der dazu notwendigen Planung und Bauleitung sind dem Verursacher in Rechnung zu stellen.

Auf der Baustelle sind Qualitätskontrollen durch das Projektteam durchzuführen und zu dokumentieren. Dieses kann durch Einträge in den Bautagesberichten, in eigenen Protokollen oder als Dokumentation in E-Mails erfolgen. Die Kontrollen werden nicht durch das Projektmanagement durchgeführt, dieses ist eine Aufgabe der Bauleitung und auch in der Eigenverantwortung des Unternehmers (NU). Dieses ist wichtig für das Verständnis, da der NU diese Pflicht nicht vollständig auf die Bauleitung des AG abschieben kann.

Um Mängel zu vermeiden sind wichtige und aufeinander aufbauende Leistungen durch die Bauleitung anzuschauen, d. h. zu prüfen und dokumentieren. Hierzu zählen Leistungen die später nicht mehr sichtbar sind bzw. Leistungen die einen großen Schaden (z. B. im Bereich der Luftdichtigkeitsebenen) verursachen können. Zur Qualitätskontrolle sollten daher Termin-Haltestellen in den Bauzeitenplan eingefügt werden. Die Begehungen sollten mit dem NU gemeinsam durchgeführt werden, gilt insbesondere bei Abnahmen.

> **TIPP**
>
> Dokumentieren war noch nie so einfach wie heute. Jeder hat ein Mobiltelefon und kann Mängelfeststellungen diktieren bzw. fotografieren. Wichtig ist es dabei Mängellisten mit fortlaufender Nummer zu führen. Dieses erleichtert das Abarbeiten und Freimelden der Mängel.

Oft setzt der AG einen unabhängigen Gutachter mit der begleitenden Qualitätssicherung ein. Dieser ist unabhängig von der Bauleitung des AG oder der Bauleitung des GU/GÜ. Der Gutachter protokolliert seine vor Ort gemachten Feststellungen. Diese haben reinen Empfehlungscharakter. Allerdings sollte die Bauleitung bemüht sein die festgestellten Mängel oder Hinweise ernst zu nehmen und abzuarbeiten, da diese spätestens zur Abnahme aufzunehmen sind. Sie dann erst abzuarbeiten ist meist zeitlich nicht mehr möglich. Dies führt dann zu Minderungen in der Vergütung und im schlimmsten Fall zur Abnahmeverweigerung und ggfs. Rückbauarbeiten.

Auch kann der AG bei der Schlussabnahme einen Gutachter einsetzen, der den AG vertritt. Das ist eher unüblich, kann aber vorkommen.

10.9   Was ist ein Mangel?

Der Mangelbegriff, hier Sachmangel, wird in der VOB/B § 13 definiert als Abweichung von der vereinbarten Beschaffenheit und den anerkannten Regeln der Technik. Auf der Baustelle beurteilt man Unregelmäßigkeiten und Mängel wie folgt:

- Wesentlicher Mangel: Wenn Gebrauchstauglichkeit oder Funktion nicht gegeben ist. Leistungsabnahme kann verweigert werden.
- Schwerwiegender Mangel: Leistung nur eingeschränkt gebrauchstauglich. Beschädigung so groß, dass das Bauteil ausgetauscht werden muss. Kann ggfs. auch ein wesentlicher Mangel sein.
- Geringfügiger Mangel: Leistung gebrauchstauglich aber leicht beschädigt. Die Beschädigung kann ausgebessert werden. Leistung wird i. d. R. mit Mängelfeststellung abgenommen. Sollte dennoch die Summe der geringfügigen Mängel so groß sein, dass die Gebrauchstauglichkeit bzw. Funktion eingeschränkt ist, kann unter Umständen die Abnahme verweigert werden. Hier ist eine Begründung vom Abnehmenden zu führen.

- Optischer Mangel: Mindestabstand zum Mangel zur Beurteilung ist 1 m oder eine Armlänge. Ein optischer Mangel liegt vor, wenn die Leistung in der augenscheinlichen Oberfläche nicht dem Vertrag bzw. der Beschreibung entspricht. Bei vertraglichen Grenzmustern, z. B. Naturstein mit Einschlüssen, kann ein optischer Mangel auch ein wesentlicher Mangel sein. Entspricht z. B. ein Oberbodenbelag nicht dem vertraglich vereinbarten Produkt, liegt ebenfalls ein wesentlicher Mangel vor.
- Generell: Die Leistung muss der vereinbarten Beschaffenheit und den anerkannten Regeln der Technik entsprechen. Technische Regelwerke wie die DIN-Normen sind nur Hilfestellungen in der Auslegung, schaffen aber keine Rechtssicherheit. Anerkannte Regeln der Technik bedeutet, dass die Ausführung theoretisch richtig ist und sich in der Praxis bewährt hat. Hier Übereinstimmung zu finden ist ohne Gutachter im Streitfall fast unmöglich.

Prof. Dr. Ing. Rainer Oswald (1944–2014) hat sich mit Unregelmäßigkeiten in der Bauausführung beschäftigt. Es liegen unzählige Schriften und Publikation zu diesem Thema von ihm vor (Oswald Reiner, 2005, Hinzunehmende Unregelmäßigkeiten bei Gebäuden, Springer-Vieweg). Oswald unterscheidet in:

- Hinzunehmende Unregelmäßigkeiten = ausreichende Qualität
- Durch Nachbesserung zu beseitigender Mangel = mangelhafte Leistung, Gebrauchstauglichkeit deutlich eingeschränkt
- Unverhältnismäßige Nachbesserungsaufwand als hinnehmbarer Mangel = mangelhafte Leistung, Gebrauchstauglichkeit nur unwesentlich eingeschränkt, Minderung der Vergütung

Er hat zur Vereinfachung der Beurteilung eine Entscheidungs-Matrix geschrieben, diese teilt die Mängel ein in:

- Grad der optischen Beeinträchtigung: Auffällig, gut sichtbar, sichtbar und kaum erkennbar
- Gewicht des optischen Erscheinungsbildes: Sehr wichtig, wichtig, eher unbedeutend und unwichtig
  Hiernach wird eingeteilt in nicht hinnehmbar, hinnehmbar und Bagatelle

Diese Beurteilungskriterien ersetzen keinen Gutachter. Aber sie können helfen, einfache Mängelfeststellungen vorzunehmen und Lösungsansätze zu finden (Rainer Oswald, db 1/2000, Seite 82 ff.).

Schwierig wird es, wenn es über die Mängel zum Streit auf der Baustelle kommt. Gutachterverfahren sind in der Regel langwierig und teuer. Ist ein gerichtlich beauftragter Gutachter tätig und durch das Gericht eingesetzt, gelten strenge Regeln. Es werden i. d. R. nur Fragen geklärt, die im Vorfeld durch die Beteiligten gestellt wurden.

Doch während der Bauzeit hat man keine Zeit für lange Gutachterverfahren. Daher empfiehlt es sich eine Einigung mit dem NU, d. h. der Firma, die den Mangel ver-

ursacht hat, zu finden. So kann der AG einen unabhängigen von ihm beauftragen Gutachter hinzuziehen und gibt die Mängelfeststellung des Gutachters als Mängelrüge an
den NU weiter. Akzeptiert der NU den Mangel, kann unter Umständen sogar der Werklohn des Gutachters in Rechnung gestellt werden. Hierzu ist es allerdings wichtig, dass
der Mangel im Vorfeld ohne Gutachter Stellungnahme bereits gerügt wurde und der NU
widersprochen hat. Umgekehrt kann der NU ebenso vorgehen, i. d. R. akzeptiert der AG
nachträglich nicht die Kosten des Gutachters. (Regel Nr. 1: Der AG hat immer Recht).

Bei schwiegen Fällen macht es Sinn ein gegenseitiges Unterwerfungsverfahren durchzuführen. Hier vereinbaren beide Parteien, gemeinsam einen Gutachter zu bestimmen
und beide unterwerfen sich der Stellungnahme des Gutachters. Die unterlegene Partei
zahlt den Gutachter. Beide verpflichten sich das gutachterliche Urteil zu akzeptieren,
für den NU bedeutet dies, den Mangel zu beseitigen, wenn die Stellungnahme des Gutachters zu seinen Ungunsten ausfällt.

Können Mängel nicht beseitigt werden bzw. ist die Beseitigung unverhältnismäßig
(d. h. zu teuer), kann der AG eine Minderung der Vergütung verlangen.

10.10 Projektende – Abnahme

Wann ist ein Projekt zu Ende? Für viele endet ein Projekt mit der sogenannten Bauherrenabnahme, für andere mit der Inbetriebnahme, d. h. der Nutzung des Objektes.
Ich empfehle Ihnen das Projektende intern zu definieren, damit alle die gleichen
Erwartungen haben.

Die *Abnahme* (BGB § 634 und VOB/B § 12) durch den Beauftragenden (AG) wird
nach Fertigstellung einer Leistung, d. h. einer vertraglich vereinbarten Leistung, durchgeführt. Es wird unterschieden in eine Teilfertigstellung und eine gebrauchsfertige
Fertigstellung.

Arten der Abnahmen:

- Die *förmliche Abnahme*, d. h. der NU hat diese zu beantragen. Die förmliche
  Abnahme ist schriftlich bei Beauftragung zu vereinbaren. Bei einer förmlichen
  Abnahme wird immer ein Abnahmetermin, d. h. Abnahmebegehung, durchgeführt.
- *Fiktive Abnahmen* oder Abnahme nach Fristablauf ausschließen. Das ist eine Abnahme
  die automatisch nach Eingang der Schlussrechnung (SR) oder nach Fertigstellungsmeldung nach 12 Werktagen in Kraft tritt (VOB/B § 12, Abs. 5.1 ff.). Nutzt der AG die
  Leistung bereits, verkürzt sich der Zeitraum auf 6 Werktagen. Beides ist mit Hinweis
  auf das Abnahmebegehren, siehe vor, zurückzuweisen oder eine Abnahme ist terminlich zu vereinbaren, sodass die 12 Tage Regelung aufgehoben wird.
- Abnahme durch *schlüssiges Verhalten*, d. h. der AG akzeptiert die Schlussrechnung
  und verzichtet im weiteren Verlauf auf eine Abnahme. Gilt auch für die Nutzung, d. h.
  Inbetriebnahme des Gebäudes, nicht einer Teilleistung. Auch eine vergessene, förmliche Abnahme kann u. a. zu einer Abnahme führen, z. B. Inbetriebnahme.

- Die *ausdrücklich erklärte Abnahme,* d. h. der AG erklärt das Fachlos oder die Leistung als z. B. „abgenommen". Wird dies mündlich erklärt ist die Nachweisführung schwierig, da für Dritte der besprochene Umfang der Abnahme nicht ersichtlich ist. Daher sollte man sie schriftlich fixieren. Sie darf nur vom AG oder vom Bevollmächtigten ausgesprochen werden. Ist bzw. sollte vermieden werden, da oft Projektbeteiligte, die für die Aufgabe verantwortlich zeichnen, übergangen werden.
- *Teilabnahmen* sind lt. VOB möglich, werden aber nicht explizit genannt, hier wird von in sich abgeschlossenen Leistungen gesprochen (VOB/B § 12 Abs. 2). Daher besteht keine Pflicht.

Teilleistungen werden ungerne vor der Gesamtabnahme abgenommen, da diese i. d. R. durch nachfolgende Gewerke beschädigt bzw. in der Qualität gemindert werden können. Allerdings sind diese Abnahmen während der Bauzeit oftmals notwendig, da z. B. auf dem Gewerk Estrich der Oberboden verlegt wird und somit der Estrich nicht mehr sicht- und abnehmbar ist.

Oftmals wird gerade für das Beispiel Estricharbeiten keine Abnahme vor Ort durchgeführt, da man davon ausgeht, dass wenn die Leistung mangelhaft wäre, der nachfolgende NU diese Mängel anzeigen würde, da er sich sonst selbst haftbar machen würde. Man kann auch eine sogenannte *Sichtbegehung* (mit Protokollierung) durchführen und die eigentliche Abnahme später nachholen, ist im Vorfeld vor Beginn der Oberbodenarbeiten zu vereinbaren.

Mit der Sichtbegehung sollen fehlende Leistungen oder Beschädigungen dokumentiert werden, sodass der NU für Schäden Dritter nicht aufkommen muss. Durch eine Sichtbegehung erfolgt kein *Gefahrenübergang* (oder Gefahrübertragung) an den AG. Ein Gefahrenübergang kann nur bei Abnahme oder einer gesonderten schriftlichen Vereinbarung erfolgen. Es wäre anstrebenswert im vornhinein vertraglich eine Regelung treffen, z. B. Sichtabnahmen oder Begehungen vereinbaren oder die Gewährleistungszeit um die Anzahl der Monate verlängern, die von der Fertigstellung der Leistung bis zur Gesamtabnahme mit dem Bauherrn fehlen. Um diese Schnittstelle zu vermeiden, werden oftmals die Estrich- und die Oberbodenbelagsarbeiten zusammen als ein Fachlos vergeben.

Anders sieht das für *verdeckte Mängel* (nicht ersichtlicher oder später erkennbarer Mangel) aus. Eine gute Bauüberwachung kann während der Ausführung die Qualität der Leistung vor Ort sicherstellen, d. h. am Beispiel Estrich sind die richtige Verlegung der Dämmung (Wärme- und Trittschalldämmung), die Einbindung von Rohrleitungen, der Wandanschluss, Estrichstärke, Material und die vereinbarten vertraglichen Leistungen etc. zu kontrollieren. Hier Mängel im Nachhinein festzustellen und zu bewerten ist fast unmöglich und bedeutet meist den Rückbau von ganzen Estriehflächen (Geld- und Zeitverlust).

Grundsätzlich ist eine Leistung auf Ansuchen des NU abzunehmen. Voraussetzung ist, dass diese fertiggestellt, in sich abgeschlossen und mangelfrei ist. Das bedeutet die Leistung ist funktions- oder gebrauchstauglich. Im Bauwesen baut eine Leistung auf der nächsten auf, es ist nicht im Sinne der Projekt- und Bauleitung einzelne Gewerke vor der Gesamtfertigstellung abzunehmen. Auch werden so unterschiedliche Gewähr-leistungsdauern bei den unterschiedlichen Gewerken erzeugt. Wurden nicht alle Mängel bei der Zwischenabnahme des NU aufgezeigt und werden vom Bauherrn bei der Schlussabnahme andere Mängel gerügt, die nicht benannt oder übersehen wurden, ist die Beseitigung der Mängel schwer beim NU durchzusetzen. Dieser wird sich auf die Abnahme berufen und verlangt eine Beweisführung durch den AG bzw. die Projekt-leitenden. Durch dieses Prozedere geht viel Zeit verloren, die man zum Projektende bekanntlich selten zur Verfügung hat.

Vor und bei Durchführung der Abnahme ist auf Nachfolgendes zu achten:

- Abnahmen sind immer förmlich durchzuführen.
- Nicht eingeforderte Teilabnahmen nicht durchführen, ggfs. eine Sichtbegehung vor-nehmen.
- Durchgeführte Abnahmen immer schriftlich dokumentieren.
- Vor einer Abnahme sollte die Bauleitung prüfen, ob eine Abnahmefähigkeit vorliegt.
- *Abnahmeverlangen* ist möglich auch vor Ablauf der Fertigstellungsfrist. AG ist ver-pflichtet innerhalb von 12 Werktagen abzunehmen.
- Bei fehlender Vorleistung oder Gebrauchsfähigkeit die Abnahme im Vorfeld ver-weigern.
- Die *Verweigerung einer Abnahme* (auch Abnahmeverweigerung) während der Abnahmebegehung wegen wesentlicher Mängel ist die Ausnahme. Wenn das passiert, war die Bauleitung im Vorfeld sehr unaufmerksam.
- NU-Abnahme: der NU muss <u>nicht</u> anwesend sein. Doch die Höflichkeit gebietet es mit diesem die Abnahme durchzuführen.
- *Vertragsstrafenvorbehalt*: Dieser ist immer schriftlich zu erwähnen und vorzunehmen, da i. d. R. kaum ein Gewerk genau am vertraglich vereinbarten Termin fertiggestellt wurde. Doch sind meist auch mehrere Gewerke an dieser Terminüberschreitung schuld. Wird aber auf das Recht des Vertragsstrafenvorbehaltes verzichtet, kann keine Vertragsstrafe mehr geltend gemacht werden.
- AG-Abnahme: Der Bauherr kann selbst an der Abnahme teilnehmen bzw. einen oder mehrere Vertreter benennen.
- *Mängelfeststellungen:* Sind immer zu dokumentieren. Wichtig dabei: Die genaue Lage des Mangels ist festzuhalten, d. h. Gebäudebauteil, Etage, Raumnummer, Beschreibung linke Ecke ober etc. Ein Mangel muss von einem Dritten auffindbar sein, ggfs. Foto machen.

Tipp
Räume immer nach dem gleichen Ablauf begehen, d. h. sich vor der Abnahme-begehung am besten eine Art Spickzettel anfertigen und die Bauteile benennen. Z. B. Wände, Decken, Böden, Türen, Fenster etc. Unterpunkte wie Funktions-prüfung Tür bzw. Fenster erleichtern das Leben. So vergisst man nichts!

- Mängel sind durchzunummerieren, dies erleichtert die Feststellung ob es viele oder wenig Mängel gegeben hat und Sie können bei Freimeldung oder erneuter Rüge eindeutig aufgelistet werden.
- *Mängelbeseitigungsfrist:* Sollte vereinbart werden, am besten gemeinsam festlegen. Dabei auf angemessene Frist achten, da ansonsten ggf. ein Formfehler vorliegt und die vereinbarte Frist hinfällig ist.
- *Mängelbeseitigung:* Mängel sind immer schriftlich frei zu melden. Vom NU an den AG, vom Projektleitenden an den Bauherrn.

Bitte beachten Sie, dass eine Abnahme vorbereitet sein will. So ist die Haustechnik rechtzeitig in Betrieb zu nehmen, d. h. mit entsprechender Vorlaufzeit bevor die Abnahme durchgeführt wird. So können Mängel und Störungen vor Abnahme erkannt und behoben werden.

Nachfolgend ein beispielhafter Aufbau eines Abnahmeprotokolls. Das Protokoll sollte vorgefertigt sein und wird gemeinsam mit den NU ausgefüllt, Abb. 10.1:

Zur Abnahme und *Fälligkeit der Werklohnvergütung* ist zu unterscheiden nach der Art des Vertrages. Wenn ein BGB Vertrag vorliegt, ist der Werklohn mit der „mangelfreien" Abnahme fällig, d. h. die Rechnung ist umgehend innerhalb des vereinbarten Zahlungsziels zu begleichen. Bei Mängeln kann die Vergütung verweigert werden. Dieses gilt grundsätzlich auch für die VOB/B § 14 Abs. 3. Nach Zugang der Schlussrechnung (SR) – und wird dieser nicht fristgerecht widersprochen – tritt eine Abnahme automatisch nach 12 Werktagen ein, d. h. die Schlussrechnung ist als Abnahmeverlangen zu werten. Eine Mängelfreiheit muss nicht vorliegen. Daher sind Mängel zur Abnahme zu benennen, ansonsten gilt die Beweislastumkehr, siehe vor.

10.11 Gewährleistung und Verjährung

Vertraglich sind *Gewährleistungsfristen* zu vereinbaren. Die Gewährleistungsfrist ist je nach Vertragsgrundlage unterschiedlich lang. Im BGB § 634a wird eine Gewährleistungsfrist für Bauleistungen von 5 Jahren genannt. In der VOB/B § 13, Absatz 4, beträgt die Frist 4 Jahre. Um eine 5 Jahres Frist zu vereinbaren, ist hier schriftlich die VOB zu ändern und die Frist mit 5 Jahren zu vereinbaren. Dieses erfolgt mit dem Werkvertrag zum Gewerk und vorab in den Besonderen Vertragsbedingungen (BVB) zur Ausschreibung angekündigt.

Der AN haftet grundsätzlich nur für durch ihn erbrachten Leistungen. Nachträgliche Veränderungen durch den AG können den AN sogar von seiner Haftung entbinden. Der AN haftet für die vertraglich zugesicherten Eigenschaften und wenn diese nicht eindeutig bekannt sind nach dem Stand der *„allgemein anerkannten Regeln der Technik"* und *„Stand der Technik"*. Um Eigenschaften und Qualitäten zu definieren können auch Grenzmuster bzw. Probearbeiten gefertigt werden. Dieses macht z. B. Sinn bei Natur-

Abb. 8, beispielhafter Aufbau eines Abnahmeprotokoll NU:

Abnahme:	der ☐ Gesamtleistung oder ☐ Teilleistung

Firma NU / Auftraggeber AG
Leistung / Teilleistung

Datum, Uhrzeit:	12.05.2020, 16.00 – 17.00 Uhr
Ort:	Aachen, Bauteil […]
Teilnehmer:	Name / Firma / ggfs. Funktion

Vorbehalte:	☐ Diese Abnahme ersetzt nicht eventuelle erforderliche behördliche oder andere vorgeschriebene Abnahmen technischer oder verwaltungstechnischer Art. Sie ist auch keine Güteprüfung im bauaufsichtlichen Sinn. Solche hat der Auftragnehmer, sofern erforderlich, selbst zu veranlassen und deren Ergebnis (Protokoll) den unten genannten Anlagen beizufügen. Das Recht, die Beseitigung der bei der Abnahme nicht erkannten oder später erst erkennbaren Mängel zu verlangen, bleibt in jedem Fall vorbehalten
Vertragsstrafe:	☐ Der Auftraggeber behält sich die Geltendmachung der Vertragsstrafe vor.
Bekannte Mängel:	☐ Vor der Abnahme bekannte Mängel werden mit der Abnahme nochmals Vorbehalten und gelten als nochmals zum Zeitpunkt der Abnahme Festgestellt.
Gefahrenübergang:	☐ Der Gefahrenübergang findet zum Zeitpunkt der Mängelfreiheit statt. Die Mängelbeseitigung ist schriftlich anzuzeigen.
Abnahme:	☐ erfolgt im Übrigen nur den o.g. markierten Vorbehalten ☐ erfolgt im Übrigen mit den o.g. markierten und den nachfolgenden Feststell-lungen. ☐ wird wegen wesentlicher Mängel verweigert
Mängelfeststellungen:	☐ siehe Anlage Seite […] bis […]
Gewährleistung:	☐ beginnt und laut Vertrag […] ☐ wird wie folgt neu vereinbart: […]
Mängelbeseitigung bis:	Datum […]
Unterlagen:	Folgende Unterlagen / Gegenstände wurden dem Auftraggeber hiermit über-Geben (Nr. und Stückzahl): ☐ Bestandspläne […] ☐ Revisionspläne […] ☐ Betriebsanleitungen […] ☐ Wartungsanweisungen […] ☐ Einweisungsbescheinigungen […] ☐ Schlüssel […] ☐ Sonstiges […]

Unterschriften

Abb. 10.1 Beispiel Abnahmeprotokoll

steinarbeiten, da es sich hier bei um ein Naturprodukt mit natürlichen Abweichungen handelt. Sogenannte *Grenzmuster* oder Probeaufbauten zeigen die gewollte Leistung auf.

Die Gewährleistung beginnt mit dem Tag der Abnahme. Bis zur Abnahme haftet der AN oder GU/GÜ für die erbrachte Leistung. Stellt der AG oder sein Stellvertreter während der Bauzeit Mängel fest, hat der AN die Pflicht den Mangel zu beseitigen bzw. Stellung zu nehmen und nachzuweisen, dass eventuell kein Mangel vorliegt. Nach Abnahme durch den AG tritt eine sogenannte *Beweislastumkehr* ein, d. h. der AG muss schlüssig darlegen warum die Leistung mangelbehaftet ist und er Gebrauch von der Gewährleistung macht.

Werden Gewährleistungsmängel geltend gemacht, wird die Gewährleistungsfrist ab dem Zeitpunkt des Zugangs des schriftlichen Mängelbeseitigungsverlangens unterbrochen und die Frist verlängert sich um den Zeitraum bis zur Mängelfreimeldung bzw. Beseitigung des Mangels. Die Fristverlängerung ist schriftlich zu dokumentieren und in der Mängelliste mitzuführen. Wer dies nicht schriftlich nachführt, verliert schnell die Übersicht.

Sollte parallel zur Mängelfeststellung ein Vergütungsanspruch des NU gestellt werden, haben Sie das Recht den begründeten Mangel oder Mängel zu bewerten und den Gegenwert der fehlerhaften Leistung mit dem Faktor drei zu erhöhen als Abzug von der Rechnung.

TIPP

Gemeinsame Vorbegehungen des AG und AN vor einer Abnahme können die Anzahl der Mängel reduzieren und strittige Themen können ggfs. vor Abnahme geklärt werden. Sollte ggfs. der Mängeleinbehalt bei Rechnungen höher sein als die Rechnung selbst, zahlen Sie besser einen Euro aus. So ist rein rechtlich die Zahlung erfolgt und der AN hat kein Recht auf Einforderung der Rechnung über Dritte. Rechnungszurückweisungen sind rechtlich möglich, können aber ggfs. angefochten werden vom AN. Sollte die Rechnung auch einen Skonto-Abzug beinhalten, kann so der gesamte Skonto hinfällig werden bei nicht richtiger Vorgehensweise.

Werden Gewährleistungsmängel trotz mehrfacher Aufforderung nicht behoben, kann der AG eine Ersatzvornahme mit Drittfirmen durchführen. Die Kosten können beim AN/NU geltend gemacht werden. In der Regel werden von der Netto-Schlusszahlung des AN 5 % einbehalten zur Gewährleistungsabsicherung. Der AN kann diese Zurückhaltung durch eine Bankbürgschaft ablösen. Die Bürgschaft sollte nur befristet und ohne Einspruchsmöglichkeit des AN erstellt werden. Ansonsten kann der AN die Auszahlung verhindern. Monetäre Forderungen können bei nicht Reaktion der AN direkt an die bürgende Bank gestellt werden. Ist die Gewährleistungssumme aufgebraucht, kann der AG nur noch Klage einreichen gegen den AN. Daher Mängel aus der Abnahme monetär bewerten und unabhängig von dem Gewährleistungseinbehalt einbehalten von der Schlusszahlung.

Ärgerlich und teuer wird es, wenn der NU in Konkurs/Insolvenz geht. Hier haftet dann der vertraglich Näherstehende, d. h. der AG selbst oder der GU/GÜ.

Im Bauwesen gibt es wie im Privatrecht Verjährungsfristen (BGB, § 634a) von Mängelansprüchen. Ist im Bauvertrag (VOB/B-Vertrag) keine Verjährungsfrist vereinbart, beträgt diese Frist für Bauwerke gem. VOB/B § 13 Abs. 4.1 vier Jahren und für andere Gewerke zwei Jahren bzw. für elektrische Bauteile ein Jahr.

Für Architekten- und Fachplaner-Leistungen beträgt die Gewährleistungshaftung fünf Jahre. Hier ist zu unterscheiden in Planungs- oder Bauaufsichtsmängeln, bei verschwiegenen Planungsfehlern kann die Verjährungsfrist bis zu 30 Jahre betragen. Honoraransprüche verjähren nach drei Jahren (BGB § 195).

10.12 Wartungsverträge

Die Gewährleistung erlischt i. d. R., wenn der Bauherr für bestimmte Gewerke keinen Wartungsvertrag abschließt. Dies betrifft vorwiegend technische Gewerke und Bauteile mit beweglichen Teilen, also Gewerke bei denen nach einem gewissen Zeitintervall eine Wartung, d. h. einen Austausch bestimmter Bauteile erforderlich ist oder die einer Überprüfung bedürfen, z. B. Filter in Lüftungsanlagen oder Aufzugsanlagen.

Aber es können auch Baumaterialien in der Gewährleistung verlängert werden, z. B. Dachabdichtungsfolien, hier Verlängerung der Gewährleistung von 5 auf 10 Jahre. Dieses wird vom NU nur akzeptiert, wenn der AG einen Wartungsvertrag abschließt.

Ideal ist es, wenn der NU selbst, der Anlagen-Errichter oder Hersteller auch nach Abnahme die Wartung übernimmt. Hierzu sind bereits in der Ausschreibung die Wartungsarbeiten in Form einer Leistungs- und Preisabfrage zu berücksichtigen. Die Wartungsarbeiten selbst sind nicht von der Gewährleistung abgedeckt und müssen vom Bauherrn oder Betreiber/Nutzer beauftragt werden. Hierzu sind die Angebote und Preisabfragen an diese nach Abnahme zu übergeben. Der Bauherr muss nicht die Wartung beim Errichter beauftragen, er kann auch spezialisierte Wartungsfirmen mit dieser Leistung beauftragen.

Allerdings unterrichtet der Bauherr i. d. R. nicht den Ausführenden, hier GU oder Firma, dass eine Wartung beauftragt wurde. Bei einem Gewährleistungsmangel, der ursächlich durch eine ausstehende/fehlende oder fehlerhafte Wartung resultiert, muss der Errichter den Mangel nicht auf seine Kosten beheben. Daher ist beim Projektende darauf zu achten, dass der Bauherr oder Nutzer die Wartungsverträge auslöst.

Die notwendigen Wartungen sind vom Projektmanager oder vom GÜ/GU aufzuzeigen im Rahmen seiner Hinweispflicht. Dieses erfolgt mittels einer Aufzählung der erforderlichen Wartungsarbeiten in Listenform. Hier werden die Gewerke und die Wartungsintervalle aufgeführt. Nachfolgend ein beispielhafter Aufbau einer Wartungsliste, siehe Abb. 10.2:

Schwierig wird es bei wartungsanfälligen Gewerken, z. B. Bodenversiegelungen. Oftmals werden Silikonfugen als Wartungsfugen bezeichnet, da diese sich durch das regelmäßige Reinigen von Flächen ablösen. Um hier Missverständnissen vorzubeugen, sollten solche Gewerke vertraglich benannt und ausgeschlossen werden.

Bauteil	Wartung Prüfung	Wer?	Wartungs- vertrag	Hinweise Bemerkung	VdS DIN	Beauftragte Firma
RWA- Anlage	3 Jahre	Sachkundiger	notwendig	Abnahme- bescheinigung	[...]	Musterman n
BMA	3 Jahre	Sachverständiger	notwendig	Prüfbericht	[...]	Heinzelman n

Abb. 10.2 Beispiel Aufbau einer Wartungsliste

10.13 Kostenveränderungen

Erbringt ein NU Leistungen, die nicht ausgeschrieben oder nicht vertraglich vereinbart wurden, hat er Anspruch auf Vergütung, VOB/B § 2 Abs. 6, besondere Vergütung bei zusätzlicher Leistung. Kostenveränderungen sind als *Nachträge* vor Leistungsbeginn zu vereinbaren.

Kostenveränderungen im Bauwesen können verschiedene Ursachen haben:

- Veränderung der Leistung, d. h. Mengen und Massen
- Veränderung der Leistung, d. h. Qualitäten
- Terminliche Veränderungen
- Entschädigungsansprüche, entfallende Leistungen oder Schadensersatz bei Unterbrechung der Ausführung (VOB/B § 6, Abs. 6)
- Unvorhergesehenes, meist Stundennachweise

Ist ein Vertrag mit dem NU geschlossen, können Kostenveränderungen anhand der vertraglichen vereinbarten Einheitspreise nachvollzogen werden. Bei Qualitätsänderungen ist das nicht so leicht, wenn diese nicht in der Leistungsbeschreibung als Bedarfsposition vorab abgefragt wurden.

Bei GU-Verträgen werden meist überhaupt keine EP abgegeben, der Preis wird möglicherweise durch einen Pauschalpreis gebildet. Aber wie können Einheitspreise überprüft werden?

Bei Mengenabweichungen gegenüber der Ausschreibung > 10 % kann der NU Mehrkosten geltend machen. Bei Pauschalaufträgen ist dies nicht ganz so einfach, da der AG meist den NU auffordert die Mengen vor Pauschalierung zu prüfen. Hier geht das Mengenrisiko an den NU über.

Wer Mehrkosten infolge von Mengenabweichungen vom AG verlangt, muss sich im Gegenzug auch Mindermengen > 10 % vom AG als Minderkosten abziehen lassen. Dieses gilt bei Pauschal wie auch Einzelverträgen für entfallene Leistungen.

Ist der Umfang der entfallenen Leistungen erheblich, kann der NU den entgangenen Gewinn nachfordern. Auch hier ist die Nachvollziehbarkeit die Schwachstelle. Denn der NU muss teilweise seine Kalkulation aufdecken, dieses wird er sich gut überlegen.

Den richtigen Einheitspreis zur Leistungsveränderung zu finden ist dann möglich, wenn im Vertrag gleiche oder ähnliche Leistungen bereits vereinbart wurden und zu diesen ein EP vorliegt. Hier gelten die vereinbarten Preise. Ist der Preis schlecht, d. h. zu niedrig, gilt dieser trotzdem, auch für zu hohe Kosten. Diese können nur zur Vergabe ggfs. runterverhandelt werden, entweder direkte Einheitspreisveränderung oder über Nachlässe auf die Gesamtleistung.

Liegen keine EP vor wird es schwierig. Der NU kann neue Preise anbieten und ist der AG nicht einverstanden wird nachverhandelt. Gibt es vorab keine Einigung, wird oft vom „marktüblichen Preis" gesprochen. Doch was ist marktüblich? Hier kann der AG Drittfirmen ansprechen, die diese Leistung ebenfalls anbieten. Anhand der Angebote kann der mögliche Preis als Mittelwert abgeleitet werden. Natürlich wird der AG nicht die Drittfirmen beauftragen, da hier die Gewährleistung und der Baustellenfortschritt gefährdet werden könnten. Dieses dient nur der Preisfindung als Verhandlungsgrundlage.

Sollte der NU sich einer Preiseinigung und Leistungsausführung verweigern, kann der AG diese mit dem Vorbehalt „beauftragt vorbehaltlich Preisfindung" beauftragen. Der NU ist verpflichtet diese Leistung auszuführen, da er ansonsten für mögliche Terminverschiebungen haftet. Verweigert der NU dennoch die Leistung, ist das folgerichtig eine Leistungsverweigerung und somit ein Kündigungsgrund. Hier ist spätestens ein Bau-Anwalt einzuschalten. Leichter Druck sollte ausreichen den NU zur Leistungsausführung zu motivieren. Sollte der NU sich weiterhin verweigern, ist mehr im Busch als nur dieser Nachtrag! Der AG hat ein Kündigungsrecht für die Teilleistung.

Mehrkosten aus Terminabweichungen sind schwer nachzuweisen bzw. in Rechnung zu stellen. Meist werden hier verlängerte Baustellenallgemeinkosten oder Lagerkosten von Bauteilen, z. B. Betonfertigteilen, angesetzt. Kosten infolge von Personaleinsatz sind schwer nachvollziehbar darzustellen, da der NU diese ggfs. an hätten eingesetzt werden können. Ist die Baustelle groß genug, wird ebenfalls der AG oder seine BL ohne Schwierigkeiten die Leistung an anderer Stelle einsetzen können, ohne dass es zu Arbeitsunterbrechungen bzw. Mehrkosten kommt.

Bei Überschreitung des Fertigstellungstermins ist vorab zu klären durch wen diese Fristüberschreitung zu vertreten ist. Ist diese durch den Bauherrn zu vertreten, sind mind. die Baustellenallgemeinkosten zu vergüten. Wagnis und Gewinn können nicht angesetzt werden, da sich die Leistung nicht geändert hat.

In der Regel versucht aber der AG dem NU nachzuweisen, dass dieser nicht ganz unbeteiligt an der Fristüberschreitung war und somit etwaige Kostenansprüche zurückgewiesen werden. Im Gegenzug wird der AG versuchen Vertragsstrafen oder Entschädigungsansprüche durchzusetzen. Hier ist Streit vorprogrammiert.

Es gibt auch den Fall, dass Mehrkosten an andere Nachunternehmer weitergereicht werden können. Dieses ist der Fall, wenn NU 1 fehlerhafte Leistungen erbracht hat und trotz Aufforderung diese nicht beseitigt. NU 2 stellt daraufhin Mehrkosten für Beseitigung an den AG, der diese an den NU 1 durchreicht, d. h. von der Rechnung in Abzug bringt. Dieses ist zu dokumentieren mittels Schriftverkehr. NU 1 ist mind. zweimal aufzufordern zur Mängelbeseitigung mit Androhung einer kostenpflichtigen

Ersatzleistung. Achtung: Hierbei Fristen beachten, mind. zweimal drei Tage als Fristen ansetzen. Nach Ablauf der Fristen kann die Mängelbeseitigung gekündigt werden und NU 2 ist zu beauftragen. Die Kosten sind so abgesichert, aber auf der Baustelle wurden dadurch mind. drei bis sechs Werktage verloren, d. h. es kommt zu Terminverzögerung.

Und noch einen Sonderfall gibt es: Die Beschleunigungsmaßnahmen. Diese dienen dazu Terminverzögerungen durch veränderte Leistungen oder Personaleinsatz aufzuholen. Der NU muss hierzu nachweisen durch welche Maßnahmen er beschleunigt hat. Bei Estricharbeiten ist das relativ einfach, hier reicht ein Estrichbeschleuniger-Zusatz, d. h. Menge x EP + Zuschlag (wenn vereinbart) = Herstellkosten. Schwieriger ist es, wenn mehr Personal eingesetzt wird. Beschleunigungsmaßnahmen daher unbedingt vorab mit dem AG/NU abstimmen und vereinbaren.

> **TIPP**
> Kosten- und Leistungsveränderungen sind schnellstmöglich zu klären und immer schriftlich zu fixieren. Dies spart Ärger im Nachgang und ein guter Umgang auf der Baustelle macht auch das Umgehen mit Kostenveränderungen leichter bzw. erhöht das Verständnis für einander. Denn es gilt: Am Ende entscheidet der AG über die Schlussrechnung und mögliche Mängeleinbehalte. Wer sich auf der Baustelle bekämpft, wird unter Umständen am Ende vom AG die Quittung bekommen.

10.14 Abrechnungen

Die Abrechnung von Planungs- und Bauleistungen ist vertraglich geregelt. Planungsleistungen werden nach Stand der Planung oder Abarbeitung der Leistungsphasen (LP) in Rechnung gestellt. Die Höhe kann sich nach den prozentualen Ansätzen der HOAI orientieren.

AN Leistungen können pauschal oder nach Aufmaß abgerechnet werden. Abrechnungen mit Aufmaß sind grundsätzlich auf Richtigkeit zu prüfen, denn es gilt: es gibt keine fehlerfreien Aufmaße. Der AN hat die Pflicht die Rechnungen richtig und prüffähig aufzustellen, d. h. inkl. der erforderlichen Stücklisten und Aufmaße. Sollte der AG die Art der Rechnungsstellung vorgeben, so hat der AN sich an diese Vorlage zu halten, dies ist im Werkvertrag mit einem Muster zu vereinbaren. Ansonsten kann der AG die Rechnung zur Richtigstellung zurückweisen.

Wer prüft die Rechnungen? Planungsleistungen werden vom Beauftragenden bzw. vom Projektmanagement geprüft und freigegeben. Als Projektleiter prüfen Sie die Rechnung nur im Namen des AG, d. h. die Prüfung erfolgt mit dem Vorbehalt „sachlich geprüft", da der AG auch nachträglich noch eigene Veränderungen vornehmen kann. Dieses Vorgehen trifft auch auf Bauleistungen zu, doch prüft hier i. d. R. der Bauleiter und der Projektmanager nimmt die Prüfung zur Kenntnis.

Sind Kaufleute zwischengeschaltet, kann die Prüfung auch durch diese erfolgen. Jedoch sollte i. d. R. der prüfen, der die Baustelle und Leistung kennt.

Der AN kann den AG um ein gemeinsames Aufmaß bitten. Der AG kann ein solches auch vertraglich vereinbaren. Das gemeinsame Aufmaß erspart Arbeit am Schreibtisch als Vorprüfung und Auffassungsunterschiede werden vermieden. Aber: Es ist zeitaufwendig und wird daher i. d. R. nicht durchgeführt.

Rechnungen lösen Fristen aus. Diese sind vertraglich zu vereinbaren im Rahmen des Werkvertrages. Für Zwischenrechnungen sind Prüflisten bis zur Auszahlung (d. h. Eingang Konto AN) von 14 bis 16 Werktage üblich. Schlussrechnungen haben meist einen Zahllauf von 30 Tagen. Der AN sollte gem. VOB/B die Schlussrechnung spätestens 12 Werktage nach Abnahme stellen.

Wird die Schlussrechnung unabhängig von einer erfolgten Schlussabnahme vom AN gestellt, löst dies rechtliche Wirkungen aus. Erfolgt die Schlusszahlung ist davon auszugehen, dass der AG die Abnahme fiktiv durchgeführt hat. Dieses sollte der AG aber auf keinen Fall machen > siehe Mängelfeststellung und Gewährleistung.

Daher ist die Schlussrechnung vor Abnahme unter Hinweis der förmlich vereinbarten Abnahme zurückzuweisen und diese erst nach erfolgter Abnahme zu akzeptieren. Wichtig sind etwaige Vorbehalte wie Vertragsstrafen, Mängeleinbehalte etc., diese sind spätestens mit Schlussrechnung zu benennen und vorab in der Abnahme vorzubehalten.

Sollte der AN trotz mehrfacher Aufforderung zur Schlussrechnungslegung diese nicht stellen, kann der AG nach vorheriger Mahnung und Ankündigung selbst eine solche erstellen lassen. Die Aufstellkosten, z. B. durch das Projektmanagement, kann der AG dem AN in Abzug bringen.

Weitere Streitigkeiten können durch nicht vorher benannte Nachträge des AN entstehen. Oftmals probiert der AN zur Schlussrechnung weitere Kosten geltend zu machen, hierzu zählen auch Stundenlohnarbeiten (wenn vom AG oder Stellvertreter unterschrieben). Hier ist genau zu prüfen. Einerseits verstößt der AN dem AN gegenüber gegen die Anzeigepflicht und andererseits hat er ein Recht auf Vergütung (VOB/B § 2). Leistungen, die ohne Auftrag oder unter eigenmächtiger Abweichung erstellt wurden, müssen nicht vergütet werden (VOB/B §2 Abs. 8.1).

Auch ist die Vertragsform entscheidend. Bei Abrechnungsaufträgen wird der AG sich kaum der Vergütungspflicht entziehen können für Nachträge aufgrund von Massenmehrungen. Anders sieht das bei Pauschalaufträgen aus. Hier kann der AG sich auf die vertraglich vereinbarte „komplette, schlüsselfertige Leistung" berufen und nicht bekannte Nachträge ablehnen. Nach der Abnahme ist die Leistung bereits erbracht, sodass der AG die Vergütung ablehnen wird und die rechtliche Klärung aussitzt.

Daher sollte der AN bestrebt sein, die Veränderungen sofort anzuzeigen und vertraglich zu fixieren noch vor Ausführung, siehe auch unter Kostenveränderungen (Abschn. 9 bzw. 10.13).

Bei Schlussrechnungslegung bitte unbedingt Nachfolgendes prüfen und beachten:

- Ist die Abnahme erfolgt? Liegt ein Abnahmeprotokoll vor.
- Liegen Mängel bzw. noch nicht erledigte Mängel vor?

- Wurde der Endtermin eingehalten? Siehe Vertragsstrafe.
- Liegen alle Unterlagen zur Dokumentation vor, hier Revisionspläne, Berechnungen, Materialnachweise, Fachbauleitererklärungen, Pflegeanweisungen, Angebot der Wartungsarbeiten etc.?
- Liegt das Baubuch des NU vor?
- Sind alle Einweisungen erfolgt?
- Liegen alle Gutachterlichen und Sachverständigen Abnahmen vor?
- Liegen Gegenforderungen Dritter vor? Ggfs. Rechnungsabzüge prüfen.
- Sind alle Stundenarbeiten erfasst und vereinbart?

TIPP

Schlussrechnungen sind immer genau zu prüfen und zwar aus mehreren Gründen: Gegenforderungen sind nach Vergütung nicht mehr möglich. Auch haben Sie dann kein Druckmittel für Nachforderungen von Unterlagen oder Mängelbeseitigungen, die die Gewährleistungsbürgschaft überschreiten.

10.15 Haftung der Beteiligten

Das Wort Haftung bedeutet die Verantwortung für den eigenen Schaden oder den eines anderen zu übernehmen. Lt. VOB/B § 10 haften die Vertragsparteien einander für eigenes Verschulden und für das Verschulden ihrer gesetzlichen Vertreter und der Personen, deren sie sich zur Erfüllung ihrer Verbindlichkeiten bedienen, d. h. Mitarbeiter etc. Es bestehen grundsätzlich für alle Bau-Beteiligten und ihre Vertragsparteien unterschiedliche Haftungsrisiken. Auch haben die verschiedenen Vertragspartner aus dem Aufgabenbereich heraus unterschiedliche Pflichten. So schuldet z. B. der Architekt bei Beauftragung der Leistungsphasen 1 bis 4 die Einholung der Baugenehmigung. Wird diese nicht erteilt, haftet der Architekt hierfür. Der Werklohn wird nicht fällig und der AG kann sogar Entschädigung fordern für Leistungen außerhalb des Architektenwerkvertrages, z. B. für die Tragwerksplanung.

Ein Generalplaner haftet im vollen Umfang gegenüber dem AG, der NU oder Fachplaner im Auftrag des GU haftet im Innenverhältnis dem AG, also hier gegenüber dem GU. Der durch den Bauherrn beauftragte Fachplaner haften direkt dem Auftraggeber.

Architekten und Fachplaner haben ein breites Aufgaben- und Bearbeitungsspektrum. Die HOAI unterscheidet in Haupt- und Nebenpflichten. Hauptpflichten sind mit der HOAI vertraglich vereinbart, Nebenpflichten oder besondere Leistungen sind gesondert zu beauftragen. Häufigster Haftungsgrund für Planer sind die Planungsfehler. Planer sind über eine Haftpflichtversicherung gegen Schäden abgesichert. Die Versicherungshöhe ist bei Vertragsschluss abzufragen.

Werden Planungsfehler nicht im Planungsprozess und später vom Ausführenden (NU) nicht erkannt, kann es zu einer Haftungsteilung zwischen dem Architekten und dem NU kommen. Entscheidend ist hier die Informationspflicht. Erkennt der NU den Planungsfehler hat er diesen sofort anzuzeigen. Unterlässt er dieses, haftet er bei eintretendem Schadensfall mit.

Auch mangelhafte Einarbeitung oder Nachforschung führen zum Haftungsfall. Dieses gilt insbesondere für die Bodenverhältnisse. Der Architekt hat bei vorliegendem Bodengutachten den AG auf die Risiken und Kosten hinzuweisen. Werden diese nicht erkannt oder ist das Bodengutachten bzw. die darauffolgende Gründungsberatung fehlerhaft und kommt es zu Schäden, so kann dies sehr kostspielig werden. Daher sollte der Bauherr den Bodengutachter beauftragen. So haftet der Projektsteuer oder Architekt nur für ggfs. fehlende Hinweise und Leistungen, aber nicht für ein ggfs. fehlerhaftes Bodengutachten etc.

> **TIPP**
> Als Architekt oder GU haben Sie darauf zu achten, dass Fachplaner-Leistungen wie Bodengutachten oder Vermesser-Leistungen durch den AG beauftragt werden. Hieraus entstehende Haftungsrisiken können so vermieden werden. Als Projektsteuerer des AG haben Sie hier eine Beratungspflicht, d. h. der AG sollte die Haftung auf seine Fachplaner abgeben.

Viele Auftraggeber verlangen von ihrem Architekten oder GU eine Bausummengarantie, also einen Festpreis. Bei Architektenverträgen sind Preisabweichungen in der DIN 276 geregelt, bei GU-Verträgen ist der Festpreis die Grundlage des Geschäftsmodells, da dieser aufgrund seiner Bauerfahrung und Leistungsfähigkeit einen solchen Kostenfestpreis erstellen kann. Der GU haftet für die Festpreiseinhaltung. Sollte sich der Architekt darauf einlassen birgt das Risiken. Hier kann der finanzielle Schaden bei nicht Einhaltung oder Überschreitung der Bausumme das Architekturbüro in den Ruin treiben. Ist das Büro keine GmbH, haftet der Architekt ggfs. mit seinem Privatvermögen.

Vermeiden Sie daher als Architekt und Fachplaner eine Bausummengarantie. Schränken Sie auch Ihre Haftung ein, z. B. über eine projektbezogene Haftungsbeschränkung. Ein Haftungsausschluss ist gesetzlich nicht zulässig.

Haftung in der Bauausführung: Erkennt der bauüberwachende Projekt- und Bauleiter Planungs- und Ausführungsfehler, hat er diese unverzüglich dem AG bzw. NU anzuzeigen, ansonsten haftet er gesamtschuldnerisch mit dem Planer oder Ausführenden. Ausführungsfehler sind immer vom NU zu verantworten, es sei denn, diese resultieren aus Planungsfehlern und der NU hat Bedenken gegen die Art der Ausführung angemeldet. Sollte allerdings dem Bauüberwachenden eine fahrlässige bzw. unterlassene Überprüfung der Leistung nachgewiesen werden können, so haftet dieser mit einer Teilschuld. Man spricht hier von einem Überwachungsmangel.

Hat ein Planer (Architekt und Fachplaner) die Leistungsphase 9 (LPH 9) übernommen, erfolgt die Abnahme der Planungsleistung erst mit der Beendigung der LPH 9, diese kann unter Umständen lange nach der Abnahme erst abgeschlossen werden. Daher ist es für es eigentlich nicht sinnvoll, dass Fachplaner die LPH 9 anbieten. Sollte der AG allerdings auf die LPH 9 bestehen, ist eine Teilabnahmevereinbarung nach Abschluss der LPH 8 unbedingt zu vereinbaren.

Grundsätzlich ist festzuhalten, dass die Zuweisung der Schuld oder Haftung äußerst schwierig ist. Auch beschuldigen sich Planer ungern untereinander Vielmehr wird versucht den Planungsfehler oder Mangel klein zu reden und ohne großes Aufsehen zu beheben. Hieraus resultierende Mehrkosten erscheinen dann als sowieso Kosten. Einen Nachweis auf Planungsfehler ist vom AG daher meist nur gerichtlich zu führen.

Anders sieht das bei Ausführungsfehlern des NU aus. Die Baustellenüberwachung wird immer in erster Linie den NU in Haftung nehmen. Ist der Schaden aber zu groß, wird der NU versuchen einen Planungsfehler oder eine Mithaftung der Bauleitung oder anderer Beteiligter aufzuzeigen. Entstehen Kosten für den AG hieraus, ist es für den AG schwierig diese zuzuordnen, da auch hier die Bauleitung unter Umständen geneigt sein wird diese Kosten zu tarnen oder als sowieso Kosten auszugeben. Entscheidend ist dabei die Frage: Was bekommt der AG mit oder wie viel wird ihm als Information zugespielt? Daher ist Vertrauen in die Bauüberwachung sehr wichtig für den AG. Es gilt wie immer: Wer sich bindet prüfe sich gegenseitig.

10.16 Termine und Bauzeitenplan

Kein Vertrag ohne Termine! Oftmals haben viele Verträge nur einen sogenannten *Fertigstellungstermin*. Das reicht vielleicht für das Erstellen von Einfamilienhäusern aus, aber in der VOB/B sind verbindliche Fristen nur der vereinbarte Baubeginn und der Fertigstellungstermin. Komplexe Bauvorhaben benötigen mehr als diese Termine, hier ist ein vertragliches Termingerüst zu vereinbaren.

Diese können je nach Beauftragungsform unterschiedlich sein. Fachplaner haben Planungstermine. Baufirmen benötigen einen Vorlauf (z. B. zur Materialbeschaffung), einen definierten Baubeginn vor Ort, etwaige Einzelfristen im Bauablauf und einen Fertigstellungstermin. Zu klären ist außerdem, ob z. B. der Fertigstellungstermin auch gleich der Einzugs- oder Nutzungsbeginn-Termin ist.

Durch die gestiegenen Anforderungen an die Haustechnik sind oftmals zum Einregulieren der haustechnischen Leistung lange Zeiträume erforderlich. Diese können als Sommer- und Wintereinregulierung bis zu einem Jahr dauern. All dies ist vertraglich zu regeln, denn je länger ein Unternehmer vor Ort ist, desto aufwendiger, spricht teurer, wird die Leistung.

Planungs- oder Bauleistungen sind terminlich zu regeln. In den Projektphasen LP 1 bis 4 (HOAI) werden in der Regel sogenannte Projektfahrpläne verwendet, für Bauleistungen werden i. d. R. Bauzeitenpläne vereinbart. Bei GÜ oder GU Verträgen werden oftmals nur Grob-Bauzeitenpläne vereinbart, die meist durch diese selbst erstellt werden.

Termin- oder Bauzeitenpläne werden im Projektablauf fortgeschrieben. Eine Überschreitung der Fristen führt nicht immer zu einem Haftungsanspruch, einer Vertragsstrafe (wenn vereinbart) oder Entschädigung (Verzugsschadenersatz VOB/B § 6 Abs. 6).

Was sind Fristen? Wie vor beschrieben sind gemäß VOB/B (VOB/B § 5.1) und dem AGB (Allgemeine Geschäftsbedingungen) Vertragsfristen nur der vereinbarte Baubeginn und der Fertigstellungstermin. Zwischentermine, wie z. B. Beginn Erdbau etc. sind nur sogenannte Kontrollfristen oder Nicht-Vertragsfristen. Die Überschreitung der Zwischentermine führt nicht automatisch zu einem Verzug, dieser tritt nur ein, wenn hierdurch der Endtermin des Gesamtprojektes überschritten wird. Dieses hat Auswirkungen auf die Vertragsformen, ein GU Vertrag beinhaltet somit nur den Baubeginn und die Gesamtfertigstellung als Vertragstermin.

Bei Einzelvergaben der Gewerke sind somit für alle Gewerke der Leistungsbeginn und die Fertigstellung als Vertragstermin zu vereinbaren.

Somit wird klar, dass ein Bauzeitenplan keine Zwischentermine als Vertragstermine definiert. Allerdings kann der GU, der mit seinen Nachunternehmern Verträge abschließt, die einzelnen Gewerke mit jeweiligen Beginn- und Fertigstellungsterminen vereinbaren. Daher wird der GU i. d. R. immer einen Bauzeitenplan erstellen, um sich die Terminabläufe klar zu machen. Dieser Bauzeitenplan muss nicht zwingend Bestandteil des Vertrages mit dem AG werden. Allerdings wird das Projektmanagement des AG ebenfalls einen Bauzeitenplan erstellen oder vom GU vertraglich erstellen lassen, um ihrerseits die Terminabläufe plausibel zu überprüfen.

Um Zwischentermine zu verbindlichen Vertragsfristen zu machen, müssen diese ausdrücklich vereinbart werden. Aber kein GU wird sich darauf einlassen sämtliche im Bauzeitenplan genannten Fristen zu verbindlichen Vertragsfristen zu machen.

Allerdings können Bauvorhaben aus unterschiedlichen Bauabschnitten und Gebäudeteilen bestehen. Hier macht es Sinn separate verbindliche Fristen je Bauabschnitt zu vereinbaren.

Für Planungsaufträge gilt Ähnliches wie vor beschrieben. Im Gegensatz zur Bauleistung werden die Planungsschritte mit Fristen vereinbart. Wenn die Leistung als GU-Leistung vergeben werden soll, fragt der AG oftmals die Anbietenden nach der möglichen Bauzeit. Der GU steht so nicht nur im Wettbewerb zu den Kosten, sondern auch die Bauzeit kann ggfs. ausschlaggebend sein. Insbesondere dann, wenn das Grundstück aufwendig gesichert werden muss (z. B. Innerstädtische Baustelle) oder der Umzug bzw. die Nutzung zu einem bestimmten Termin erfolgen muss.

Überschlägiges Ermitteln von Baufristen, Faustformeln zur Ermittlung von Zeitansätzen. Kostenansätze sind ggfs. der aktuellen Marksituation anzupassen:

1. Anhand von m^3-Zahlen und der Ausbauleistung:

    a) Bürobau: 1 m^3 umbauter Raum = 1 h Arbeitnehmer

    b) Industrie: 1 m^3 umbauter Raum = 0,5–0,7 h

2. Anhand des Umsatzes (ca. Kostenangaben inkl. Material):
   a) Rohbau: 40 EUR/h
   b) Ausbau: 50 EUR/h
   c) Haustechnik: 60 EUR/h
   Beispiel: 60.000 EUR Fliesenarbeiten/50 EUR/h = 600 h/1 MA 8h = 75 WT
   Daher: 75 WT/4 MA = 18,75 WT, d. h. mind. 3 bis 4 Wochen

Unter Terminplanung versteht man eine zeitbezogene Darstellung des geplanten Ablaufs. Diese wird in einem Bauzeitenplan dargestellt. Es gibt inzwischen vielen Computerprogramme zur Bauzeitenplan-Erstellung. Als Standard Programm im CAD wird oft MS Projekt benutzt (MS = Microsoft). Das Programm kann Termine, Ressourcen und Bauabläufe darstellen und nachverfolgen. Der Bauzeitenplan wird als ein sogenanntes Balken-Diagramm mit Angaben des Beginns und Ende jeder Leistung erstellt. Der Vorteil des Programms ist, dass die Termine untereinander verknüpft werden können. D. h. bei Verschiebungen werden alle Termine untereinander verschoben. Auswirkungen bei Terminverzögerungen können so sichtbar gemacht werden.

Liegt ein so erstellter Terminplan vor, kann dieser auch einfach überprüft werden. Voraussetzung hierfür ist die Vollständigkeit der Aufstellung von Einzelterminen. Diese werden entweder Monats- oder Wochenbezogen aufgestellt.

Überprüfen eines Bauzeiten-/Terminplanes: Hier gibt es zwei Wege zur Überprüfung auf Plausibilität. Sie gehen die Termine durch und vergleichen die Terminansätze mit Ihren eigenen (Bau-)Erfahrungen und Berechnungen. Oder Sie machen den sogenannten *Augentrick,* hierzu drucken Sie den Terminplan mit der Einteilung in Wochen aus und schauen sich die Terminkurve, d. h. die Terminbalken im Verlauf zueinander an. Ist die Terminkurve steiler oder flacher als 45°, dann sind die Termine entweder zu knapp oder zu auskömmlich. Dieser Tipp dient jedoch nur zur groben Einordnung. Bei Abweichung zur 45° Kurve sollten Sie den Terminplan gründlich prüfen.

Bauzeitenplan, Darstellung der Terminkurven, Abb. 10.3 (Quelle Autor):

10.17 Termin-Verzug

Bei fehlender Vereinbarung zum Beginn der Ausführung kann der Auftraggeber gem. VOB/B § 2 den Auftragnehmer zum Leistungsbeginn auffordern. Der Auftragnehmer hat dann innerhalb von 12 Werktagen die Pflicht mit der Leistung zu beginnen. Achten Sie als Projektsteuerer darauf, dass der Leistungsbeginn durch den NU dem AG schriftlich zu bestätigen ist.

Bei Verschiebung von Fristen führt das zu Nicht-Kalenderfristen. Die Verschiebung wird anhand der Kalendertage, um die die Frist verändert wurde, angegeben. Hier ist zu unterscheiden durch wen die Frist verändert wurde. Hat dieses der AG zu verantworten, kann der AN zusätzlich Anlauffristen oder neue Lieferfristen geltend machen. Hat der NU die Fristveränderung zu verantworten, können Sie eine Abhilfeaufforderungen stellen mit Angabe einer neuen Frist.

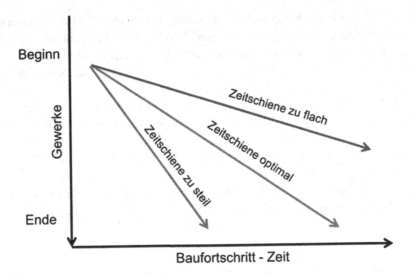

Abb. 10.3 Terminkurven

Eine Überschreitung einer Kontrollfrist oder eines Zwischentermins hat wie bereits dargestellt keine unmittelbaren rechtlichen Folgen. Bei Überschreitung von verbindlichen Terminen, man nennt das Verzug, kann der AG eine Mahnung aussprechen und eine neue Zwischenfrist, auch *Nachfrist* genannt, vorgeben (VOB/B § 5 Abs. 4). Diese Nachfrist muss angemessen sein, i. d. R. 5 bis 10 Werktage. Allerdings kann der AG nur nach Fälligkeit der Frist eine Mahnung aussprechen. Bei Ablauf der neuen Zwischenfrist kann der AG Ersatzmaßnahmen treffen, die *Abhilfeanordnung*. Doch sind solche Abhilfeanordnungen zweifelhaft, da der NU nunmehr seinerseits Behinderungen geltend machen kann, wenn die Abhilfeanordnung zu einer Unordnung auf der Baustelle bzw. Ihrerseits zu einer Verzögerung führt. Daher wird der AG bestrebt sein bei Fälligkeit des Fertigstellungstermins die Vertragsstrafe einzufordern oder Schadensersatz geltend zu machen.

Bei unzureichender Bestückung der Baustelle mit Material, Baugeräten oder Personal kann der AG ebenfalls *Abhilfe* beim AN einfordern (VOB/B § 5 Abs. 3). Allerdings gilt das Verursacherprinzip, ist der AN der Verursacher hat er die Verzögerungen abzustellen, der AG kann bei fehlerhaften Verhalten des AN Schadensersatz oder mit Auftragsentzug drohen.

Im Bauablauf führen i. d. R. Verzögerungen eines NU zu Behinderungen des anderen NU. Hier ist genau darauf zu achten wer die Verzögerung verursacht hat. Einen geregelten Terminablauf wieder herzustellen ist nicht einfach, denn jeder NU wird auf die Schuld des anderen hinweisen. Daher nicht die große Keule rausholen, sondern in vielen Termingesprächen neue Fristen mit den NU vereinbaren. Das ist mühselig und erfordert viel Fingerspitzengefühl.

Der GU/GÜ hat in der Regel mehr Druckmittel als der Architekt bei Einzelvergaben, denn muss der GU eine Vertragsstrafe wegen nicht Fristeinhaltung zahlen, wird er versucht sein diese unter allen Umständen auf seine NU abzuwälzen. Daher sollten alle NU und der GU/GÜ bestrebt sein, Termine auch mal anzupassen, um den Gesamttermin zu halten.

Bitte beachten Sie, dass ein Verzug in Folge einer Behinderung nicht immer eine tatsächliche Behinderung ist. Das Bedeutet, dass ein NU bei einer großen Baustelle ggfs. woanders eingesetzt werden kann, ohne dass er die Arbeiten unterbrechen muss. Im Bauwesen gibt es Gutachter, die spezialisiert sind auf das Thema Behinderungen etc.

Hat der AG durch Änderungen oder Anordnungen die Verzüge zu vertreten, kann der AN/NU für ggfs. erforderliche Beschleunigungen Vergütung verlangen oder eine Terminverlängerung beim AG einfordern. Auch hier gilt: Alles schriftlich festhalten.

TIPP

Prüfen Sie immer Behinderungs- oder Verzugsanzeigen. Nicht alles was dort angezeigt wird, hält einer genaueren Begutachtung stand. Diese Themen beschäftigen Sie als Projektsteuerer am meisten, da diese großen Auswirkungen auf den Fertigstellungstermin haben. Und dieser sollte als oberste Priorität eingehalten werden.

Neben dem Termin-Verzug gibt es auch einen kaufmännischen Verzug, d. h. der AG hat eine Abschlagsrechnung nicht beglichen. Der AG gerät in Verzug, wenn er schuldhaft zu einem kalendermäßigen Termin nicht zahlt. Zahlungsfristen sind i. d. R. in allen Werkverträgen geregelt, d. h. Angabe von Kalendertagen, bis wann eine Rechnung fällig wird. Es zählt der Tag des Kontoeingangs des AN.

10.18 Behinderungen

Behindernde Umstände gibt es viele in einem Bauprojekt. Hier eine Auswahl von möglichen Ursachen:

- Planung wurde zu spät erstellt > Planungsverzug
- Baubeginn erfolgt ohne abgeschlossene Planung > baubegleitende Planung
- Vergabe nicht rechtzeitig erfolgt > fehlende Ausschreibung, Angebot und Beauftragungen
- Nicht geplante Veränderungen > Grundstück, z. B. Bodenverhältnisse oder Naturschutzbelange, archäologische Funde etc.
- Leistung dauert länger als gedacht > Terminplanung falsch/Vorleistung nicht fertig
- Material wurde nicht geliefert > fehlende Ressourcen

- NU kommt nicht oder zu wenig Mitarbeiter (MA)>fehlender Arbeitseinsatz
- Veränderungen aufgrund unvollständiger Planung
- Veränderung auf Wunsch AG>Leistungsänderung
- Insolvenzen etc.

Behinderungen sind unbeliebt, da hierdurch das gesamte Termingefüge des Projektes oder der Baustelle gestört werden kann. Auch sind die hieraus resultierenden Verzüge schwer aufzuholen. Behinderungen gehen daher oft mit Termin-Verzügen und monetären Mehrleistungen einher.
Die VOB/B § 6 zeigt die Vorgehensweise bei Behinderungen auf:

- Anzeigepflicht: Behinderungen in der Ausführung sind unverzüglich aufzuzeigen, d. h. dem AG oder Projektsteuer anzuzeigen. Besser ist es aber wenn die möglichen behindernden Umstände im Vorfeld erkannt und beseitigt werden.
- Fristverlängerung: Die Ausführungsfristen sind zu verlängern bei Behinderungen, die durch den AG zu vertreten sind, z. B. Leistungsänderung oder wegen höherer Gewalt.
- Pflichten des AN: Siehe Anzeigepflicht, aber der AN hat mitzuwirken die Auswirkungen abzumildern bzw. nach Beseitigung der behindernden Umstände die Leistungen unverzüglich wieder aufzunehmen.
- Fristverlängerung: Je nach Dauer der Behinderung (meist in Werktagen) und ggfs. mit Zuschlägen für Wiederaufnahme und z. B. ungünstige Jahreszeit.
- Zwischenabrechnung: Ist nur nach längerer Unterbrechung gerechtfertigt. Abgerechnet wird die bis dahin erbrachte Leistung.
- Schadensersatz: Bei schuldhafter Verursachung und ggfs. Erstattung entgangenen Gewinns bei Wegfall von Leistungen.
- Kündigung: Kündigungsrecht bei beiden Parteien, wenn eine Unterbrechung länger als 3 Monate andauert. Das Räumen der Baustelle kann vom AN geltend gemacht werden.

Der Umgang auf der Baustelle sieht aber in der Regel anders aus. Um Planungs-Verzüge und damit Behinderungen auf der Baustelle oder im Vorfeld zu vermeiden sind Projektfahrpläne und Terminpläne zur Planung (Planung der Planung) zu erstellen. Hier ist das Projektmanagement gefragt.
Das Projektmanagement hat dem AG während der Bauzeit aufzuzeigen, dass Änderungen zu Behinderungen/Verzügen und Kostenauswirkungen führen. Daher ist es von Vorteil vor Bauausführung die Planungsleistungen, insbesondere die Werk- und Detailplanung abzuschließen und somit den Willen des AG dokumentieren.
In der Bauausführung kommt es regelmäßig zu behindernden Umständen. Bei Einzelvergaben sind Vorleistungen und Zwischenabnahmen die Hauptaufgabe der Bau- und Projektleitung, damit der reibungslose Terminablauf gewährleistet wird.

Bei einer Vergabe an einen GU/GÜ schuldet dieser den Terminablauf, d. h. er kann i. d. R. nur Behinderung durch den AG geltend machen, wenn diese vorliegen. Behinderungen von Bauleistungen, die durch ihn beauftragt wurden, hat er selbst zu kompensieren.

Anders sieht das bei unvorhergesehenen Umständen aus. Hierzu zählt auch das Bodenrisiko, dieses liegt bekanntlich immer beim Bauherrn. Werden z. B. Altfundamente gefunden, führen diese nicht immer zu Behinderungen, denn diese können, wenn aus Ziegelsteinen bestehend, leicht ausgebaggert und neben dem Baufeld entsorgt bzw. zwischengelagert werden. Mehrkosten ja, Behinderung nein. Daher im Einzelfall entscheiden, ggfs. einen Gutachter für Behinderungen einschalten..

Dennoch wäre im genannten Fall die Frage zu stellen: Warum wusste niemand von den Fundamenten? Projektvorbereitung bedeutet auch den Untergrund zu erkunden und die Vorgeschichte des Grundstücks abzufragen. Dann kann man beim Wissen um Altfundamente entsprechende Zeitpuffer einplanen.

10.19 Kündigung und Ersatzmaßnahme

In der VOB/B § 8 wird die Kündigung und Ersatzmaßnahme (auch Ersatzvornahme) vor Abnahme geregelt. Der AG kann den Vertrag oder Teilleistungen kündigen, wenn nach Mahnung die gesetzte Frist fruchtlos abgelaufen ist, d. h. der AN oder NU verhält sich vertragswidrig.

Zum Kündigungsrecht zählen nachfolgende Gründe:

- NU beseitigt die vertragswidrige oder mangelhafte Leistung nicht innerhalb gesetzter und angemessener Frist
- NU verzögert den Beginn der Ausführung
- Der NU gerät mit der Vollendung in Verzug
- Der NU hat die Baustelle nicht ausreichend besetzt

Der Kündigungsgrund kann sich auf die Gesamtleistung, d. h. Gesamtkündigung, oder einen in sich abgeschlossenen Teil der Leistung beschränken, die sogenannte Teilkündigung. Dies hat zur Folge, dass der Vertrag im Übrigen fortbesteht.

Das Kündigungsrecht entsteht erst mit Ablauf der Frist zur Vertragserfüllung und der Nachfristsetzung. Die Fristsetzung wie auch die Kündigung muss immer schriftlich und mit separatem Schreiben erfolgen.

Kündigt der AG nicht nach Fristsetzung, ist die Kündigungsmöglichkeit verwirkt. Es ist eine neue Frist zu setzen.

Nach der Kündigung kann der AG die nicht vollendete Leistung oder die mangelhafte Leistung durch eine Drittfirma ausführen lassen. Entstehende Mehrkosten können diese dem gekündigten NU in Rechnung gestellt werden. Beachten Sie, dass die wirtschaftlichste Lösung zur Ausführung kommt. Eine Pflicht den günstigsten Bieter zu nehmen besteht nicht. Es ist auf Verhältnismäßigkeit zu achten.

Nach Abnahme gilt die gleiche Vorgehensweise. Bei Frist-Verstreichen verliert der NU das Nachbesserungsrecht und der AG ist zur Selbsthilfe, d. h. Eigennachbesserung, berechtigt.

10.20 Vertragsstrafen

Eine Vertragsstrafe ist immer schriftlich zu vereinbaren. Die gesetzlichen Vorgaben der Vertragsstrafen sind im BGB § 339 geregelt. Der Gesetzgeber will eine unangemessene Benachteiligung des AN vermeiden. Unangemessene Vertragsstrafen sind insgesamt unwirksam, werden allerdings meist nachträglich gerichtlich geklärt. In der VOB/B ist die Vertragsstrafe im § 11 geregelt.

Vertragsstrafen werden meist mit Kalendertagen/Werktagen, Höhe ca. 0,2 % der Auftragssumme je Kalendertag und 0,3 % je Werktag oder als Obergrenze Gesamtvertragsstrafe mit max. 5 % der Nettoauftragssumme vereinbart. Hier ist die geltende Rechtsprechung zu beachten.

Eine Vertragsstrafe auf verbindliche Zwischenfristen ist gerichtlich problematisch zu sehen, da wenn der AN die Leistung zur Schlussfälligkeit, d. h. Fertigstellung, fristgerecht übergibt, ist die Vertragsstrafe hinfällig.

Wichtig ist, dass der AG nur Anspruch auf die Vertragsstrafe oder einen Schadensersatz hat. Die Vertragsstrafe wird somit auf den Schadenersatz angerechnet. Der AG wird abwägen was besser für Ihn ist.

Die Schadensersatzansprüche sind durch den AG darzulegen. Dieses ist oft schwierig, da ein Einzugstermin nicht zwingend zu Schadensersatz führt. Auch ist zu beachten, dass Behinderungen nicht automatisch zu Ansprüchen führen.

Der AG kann nur Ansprüche geltend machen, wenn er bei Abnahme sich sein Recht auf die Vertragsstrafe vorbehält, d. h. auf die verspätete Fälligkeit der Frist hinweist.

> **TIPP**
> VOB/B richtig lesen. Viele Textpassagen haben eine „und" bzw. „oder" Regelung. Dieses bitte nachlesen und dann anwenden.

Literatur

BaustellenV, Baustellenverordnung, 2004.
BGB Bürgerliches Gesetzbuch, Fassung 21. Dezember 2019.
Dress & Sommer, Bauprojekte agil und lean, Internetauftritt.

HOAI, 2013, Verordnung über die Honorare für Architekten und Ingenieurleistungen.

Oswald, R. (2005): Hinzunehmende Unregelmäßigkeiten bei Gebäuden. Wiesbaden: Springer-Vieweg.

VOB/B, 2002, Vergabe- und Vertragsordnung für Bauleistungen.

Schlusswort

Bauen mit Erfolg kann nur gemeinsam funktionieren. Das gilt für alle Baubeteiligten. Die Projektsteuerung kann hierzu beitragen indem vorausschauend, umsichtig und koordinierend gearbeitet wird. Man sagt „Der Ton macht die Musik", dieses gilt insbesondere für die Bauausführung. Wer hier fair aber bestimmend die Führung übernimmt, kann Beteiligte zu Betroffenen machen und den Weg ebnen für eine gelungene Bauausführung.

Meine zusammengefassten Ratschläge:

- Hutproblem klären > Rollenklärung, Erwartungen abgleichen [...]
- Aufgabe klären > Was wird gebaut, was ist ihr Anteil am Projekt
- Von anderen lernen > ruhig fragen „was würden Sie denn machen"
- Kommunikation, Kommunikation, Kommunikation
- Probleme gibt es nicht, nur Schwierigkeiten, diese auch mal deutlich ansprechen
- Eigenverantwortlichkeiten fördern, dennoch Stichprobenhaft prüfen
- Arbeit anleiten und delegieren
- Schwerpunkte Ihrer Arbeit festlegen (wichtig, unwichtig [...])
- Rechtzeitig die richtigen Entscheidungen herbeiführen > Machen Sie sich einen Plan (Terminplan, Meilensteine etc.)
- Bleiben Sie transparent und fair, aber in der Sache hart
- Ewiges Lernen > Fortbildung und Wissensdurst bringen Sie weiter
- Archive pflegen > Wissensgrundlagen schaffen

Ich wünsche Ihnen viel Freude und Erfolg in Ihrem zukünftigen Tun.

© Der/die Herausgeber bzw. der/die Autor(en), exklusiv lizenziert durch Springer
Fachmedien Wiesbaden GmbH, ein Teil von Springer Nature 2020
S. Schirmer, *Bau-Projektmanagement für Einsteiger,*
https://doi.org/10.1007/978-3-658-30844-5

Stichwortverzeichnis

Printed in the United States
By Bookmasters